AF185704

FÜHRUNGSKRAFT

Das große Leadership Buch
Erfolgreiche Mitarbeiterführung
durch praxisnahe Methoden
und Techniken

inkl. Mitarbeitergespräche und
Kommunikationstraining

Sandro Sebastian Pfeiffer

Redaktion: Finn Alexander Dubbels
Lektorat: Matthias Kramer
Druck/Auslieferung: WirmachenDruck
Cover: Yellow duck - shutterstock.com

Impressum:

Eulogia Verlags GmbH
Nagelsweg 22a
20097 Hamburg
Deutschland

Wir wünschen viel Vergnügen beim Lesen!

FÜHRUNGSKRAFT

INHALTSVERZEICHNIS

Vorwort

Was macht eine gute Führungskraft aus? Welche Kompetenzen muss sie mitbringen, um das Team erfolgreich zu führen? Und wie gelingt es, Mitarbeiter für die gemeinsame Sache zu begeistern? Wie muss sich die Führungskraft verhalten, wenn sich Konflikte anbahnen, die Energie und Effizienz rauben? Diese Fragen stellen sich häufig nicht nur junge Aufsteiger mit erster Leadership-Erfahrung, sondern auch lang gediente Geschäftsführer und Abteilungsleiter – unabhängig von ihrer jeweiligen Position quer durch die Hierarchie im Unternehmen – immer wieder. Dabei sind uns die Führungsqualitäten nicht in die Wiege gelegt: Vielmehr können die für ein erfolgreiches Leadership erforderlichen Kenntnisse und Fähigkeiten erlernt und in der Führungspraxis zum Einsatz gebracht werden. Sicherlich spielt der Charakter des Einzelnen eine besondere Rolle, schließlich müssen Durchsetzungsfähigkeit und Kontaktfreudigkeit ebenso gegeben sein wie ein besonderes Maß an Selbstvertrauen. Eine Führungskraft muss Vorbild sein, das Unternehmensziel top-down unterstützen und fördern, zugleich aber die Mitarbeiter bottom-up gegenüber den höheren Hierarchieebenen vertreten und ihre Belange ernst nehmen. Es gilt für sie, beides unter einen Hut zu bringen und dabei zusätzlich eine hohe Fachkompetenz zu besitzen, um Schwierigkeiten und Probleme in den Abläufen zu erkennen und aktiv anzugehen.

Personalführung ist eine Management-Aufgabe, die besondere Kompetenzen erfordert. Sie managen die wichtigste Ressource, die Ihr Unternehmen zu bieten hat – Ihre Mitarbeiter. Es ist wichtig, dass Ihre Mitarbeiter mit Freude und bereitwillig an die Arbeit herantreten. Motivation ist der Schlüssel zu effektiven und effizienten Prozessen in Ihrer Organisationseinheit. Mit ihr steht und fällt der Erfolg des Unternehmens. Ein unmotiviertes Team denkt nicht innovativ und entwickelt sich nicht weiter, macht Fehler und verursacht letztlich erhebliche Kosten. Dies führt zu einer Verringerung der Produktivität, die sich direkt negativ auf das Erreichen der Unternehmensziele auswirkt. Es ist Ihre Aufgabe als Führungskraft, dafür zu sorgen, dass die Prozesse reibungslos funktionieren und Ihre Mitarbeiter motiviert arbeiten. Dies gelingt Ihnen mit einer gehörigen Portion Engagement, dem Fingerspitzengefühl beim Umgang mit Menschen und den Führungsqualifikationen, auf die es ankommt.

Sie können Leadership als einen Baukasten verstehen, in dem sich verschiedene Werkzeuge, die Leadership Tools, befinden, derer sie sich, jeweils angepasst an die individuelle Situation, bedienen können. Dabei lebt die Führungspraxis immer durch Versuch und Irrtum. Es gibt keine Garantie, dass Instrumente funktionieren. Genauso wenig gibt es eine Blaupause, wie in bestimmten Situationen zu handeln ist. Zum einen haben Sie es immer mit unterschiedlichen Typen von Menschen mit ganz individuellem Charakter zu tun, zum anderen stellen sich die Herausforderungen von Organisationseinheit zu Organisationseinheit verschiedentlich dar. Daher ist es erforderlich, dass Sie die Tipps und Hilfestellungen, die dieses Buch enthält, stets reflektieren und vor Anwendung in der Praxis stets an Ihren einzigartigen Fall angleichen. Schließlich ist für Sie als Führungskraft nichts wichtiger, als Authentizität zu bewahren. Verstellen Sie sich zu sehr, werden Ihre Mitarbeiter Ihr verändertes Verhalten rasch bemerken und nicht für bare Münze nehmen. Bleiben Sie also Sie selbst und wandeln Sie die empfohlenen Führungstechniken so ab, dass sie zu Ihrem Charakter und Ihrer bewährten Wirkung auf andere passen. Dies setzt voraus, dass Sie also stets Ihr eigenes Verhalten reflektieren.

In diesem Buch werden führungstheoretische Ansätze und Techniken erläutert und anschließend anhand vieler Praxistipps und abwechslungsreicher Übungen für den Alltag der Führungskraft vorbereitet. Auf diese Weise eignen Sie sich Schritt für Schritt die Kompetenzen und Fähigkeiten eines erfolgreichen Leaders an. Nutzen Sie auch den Selbsttest zu Beginn des Buches, um selbst ein Gefühl dafür zu bekommen, in welchen Bereichen Sie bereits Führungs-Experte sind und wo Ihre Defizite liegen, die es anhand der bewährten Methoden dieses Buches auszugleichen gilt.

Machen Sie heute den ersten Schritt in Ihre neue Zukunft als starke Führungskraft und werden Sie zum Chef, der Sie schon immer sein wollten.

Warum Unternehmen auf gute Führungskräfte angewiesen sind

Gute Führungskräfte sind die DNA eines Unternehmens. Sie sind der Schlüssel zum Erfolg, indem sie die Unternehmenskultur maßgeblich prägen und den Spirit entscheidend beeinflussen. Teamgeist und Identifikation der Mitarbeiter mit dem Arbeitgeber können sich nur entwickeln, wenn Führungskräfte Werte vorleben, die sich mit den Unternehmenszielen decken oder diese fördern. Sie sind Vorbild und sollten sich daher auch dementsprechend verhalten. Möchten Sie, dass Ihre Mitarbeiter produktiv arbeiten, seien auch Sie fokussiert und geben Sie stets Ihr Bestes. Wollen Sie eine von gegenseitigem Vertrauen geprägte Atmosphäre schaffen, seien Sie offen und gehen Sie auch aktiv auf Ihre Mitarbeiter zu. Geben Sie Ihre Begeisterung und Ihre Freude an der Arbeit weiter und zeigen Sie den Geführten, dass es sich lohnt, jeden Tag aufs Neue Leistung zu erbringen. Nur wenn sie den Sinn hinter ihrem Tun und das „große Ganze" erkennen, lernen sie, ihren eigenen Beitrag darin einzuordnen, indem sie ihr Handeln reflektieren. Die Kenntnis des eigenen Beitrags bildet die Grundlage für Zufriedenheit und Motivation.

Sie sind also als Leader nicht nur Entscheider in letzter Instanz, sondern vor allem Kommunikator. Dabei geht es nicht nur darum, Sachinformationen, die für die Erledigung der Arbeit eines jeden Einzelnen von großer Bedeutung sind bzw. Berichte über das Geschehen in Ihrer Organisationseinheit an die nächsthöhere Hierarchieebene abzugeben. Vielmehr beinhaltet dieser

Informationstransfer sowohl in Richtung Ihrer Mitarbeiter als auch in Richtung Ihres oder Ihrer Vorgesetzten eine Vermittlung von Werten und Tugenden. Diese werden sich von der Basis der Belegschaft bis in die höheren Ebenen und umgekehrt nicht immer decken. Selbst unter den Mitarbeitern werden verschiedene, teils im Widerspruch zueinander stehende Werte und damit einhergehenden Erwartungen an Sie als Führungskraft gelebt. So ist für den Mitarbeiter A, der verheiratet ist und zwei kleine Kinder zu Hause hat und dessen Ehefrau ebenfalls voll berufstätig ist, wichtig, möglichst flexible Arbeitszeiten in Anspruch zu nehmen. Mitarbeiter B hingegen steht kurz vor der Rente und beharrt auf Beständigkeit, auch was geregelte Arbeitszeiten angeht. Genau in diesem Spannungs- und Interaktionsfeld entsteht Führung. Ihre Aufgabe ist es, die verschiedenen Identitäten zu koordinieren und einen für die Organisationseinheit gemeinsamen Weg zu finden, der die übergeordnete Strategie des Unternehmens weitestgehend abdeckt. Sicherlich wird dies nicht immer vollkommen konfliktfrei funktionieren, denn Sie haben es mit Überzeugungen eines jeden Individuums zu tun. Dennoch prägen Sie durch den ständigen Abgleich und die Neubewertung des Handelns Ihrer Organisationseinheit ein großes Stück der Unternehmenskultur, in dem Sie immer wieder kleine Stellschrauben nachziehen.

Decken sich die eigenen Überzeugungen Ihrer Mitarbei-ter mit den von Ihnen vorgelebten Werten und damit auch der Unternehmenskultur, werden diese sich mit dem Unternehmen identifizieren. Die Identifikation mit dem Arbeitgeber besitzt einen nicht zu unterschätzender Stellenwert für den Unternehmenserfolg. Sie verringert nicht nur die Fluktuation und die Zahl der Fehltage, son-dern lässt auch die Produktivität des Einzelnen erheblich steigern. Die emotionale Bindung an das Unternehmen sorgt für Eigeninitiative sowie Leistungsbereitschaft und

Verantwortungsbewusstsein. Dabei spielen neben der als herausfordernd, sinnvoll und abwechslungsreich empfundenen Tätigkeit und das Arbeitsklima insbesondere die Führungsqualitäten eine bedeutende Rolle als Einflussfaktoren auf die Identifikation mit dem Unternehmen.

Doch wie sieht die Realität aus? Gelingt es den Führungskräften, innere Kündigungen zu vermeiden und ihre Mitarbeiter zu „Markenbotschaftern" für das eigene Unternehmen zu machen? Das amerikanische Markt- und Meinungsforschungsinstitut Gallup mit Sitz in Washington D. C. hat hierzu im Jahr 2017 eine richtungsweisende Studie durchgeführt – mit für Führungskräfte ernüchternden Ergebnissen. Zwar sehen sich 97 % der Vorgesetzten als gute Chefs, umgekehrt zeigt die Befragung aber, dass 69 % aller befragten Arbeitnehmer schon einmal unter einer „schlechten Führungskraft" gearbeitet hätten. Rund 70 % der Beschäftigten haben kaum oder keinerlei Bindung zum Unternehmen aufgebaut und erledigen deshalb ihren Dienst nach Vorschrift. Die Studie konnte zudem belegen, dass Loyalität zur Organisation und die Einsatzbereitschaft des Einzelnen in direktem Verhältnis zu den Führungsqualitäten des direkten Vorgesetzten stehen. Sie stellen damit die Schlüsselfigur zur Identifikation mit dem Arbeitgeber dar. Mit ihnen steht und fällt also die Bindung an das Unternehmen.

Dabei kommt es ganz wesentlich auf den regelmäßigen Austausch und den Dialog zwischen dem Vorgesetzten und dem Mitarbeiter an. Über die Hälfte der Befragten gab an, nicht mehr als ein einziges Mal pro Jahr mit der Führungskraft über Leistung und Arbeit zu sprechen. Dabei ist nur etwa ein Drittel davon überzeugt, dass die Mitarbeitergespräche auch tatsächlich etwas zum Positiven für sie verändert haben. Der Weg zum Erfolg führt also ausschließlich über die Kommunikation. Nehmen Sie sich die Zeit, mit Ihren Mitarbeitern offen zu sprechen, und schenken Sie ihnen stets ein offenes Ohr, auch wenn die Zeit drängt und dringend andere Dinge erledigt werden müssen. Nichts ist schlimmer als Schweigen, wenn Mitarbeitern etwas auf dem Herzen liegt. Bemerken Sie, dass etwas nicht stimmt, gehen Sie auf denjenigen oder diejenigen zu. Im Gegenzug sollten aber auch Ihre Mitarbeiter die Chance erhalten, sich Ihnen anzuvertrauen.

Ihre Aufgabe als Leader ist es insbesondere, Ihre Mitarbeiter und deren Fähigkeiten, Stärken und Schwächen zu kennen und sie dementsprechend einzusetzen, um den größtmöglichen Erfolg zu erzielen. Dies erkennen Sie nur im Dialog. Nutzen Sie also das vorhandene Potenzial, indem Sie Ihr Personal gezielt nach den individuellen Fähigkeiten und Neigungen zum Einsatz bringen. Ignorieren Sie die Zeichen, die Ihnen Mitarbeiter senden, wenn sie bereit sind, neue Aufgaben bereitwillig übernehmen zu wollen, wird sich Motivation rasch in Resignation umschlagen.

Sie erkennen also, dass auf Sie als Führungskraft eine Vielzahl an Aufgaben und Herausforderungen zukommt. Es liegt an Ihnen, stets die richtige Balance zu finden, um ein angenehmes Arbeitsumfeld zu schaffen und dabei produktives und effizientes Arbeiten zu ermöglichen. Letztlich werden auch Sie am Output Ihrer Organisationseinheit gemessen, sodass es in Ihrem Interesse liegen muss, ein motiviertes Team zu führen.

Es gibt viel zu tun auf dem Weg zum erfolgreichen Leadership, das einen nie endenden Prozess der Interaktion und Kommunikation darstellt. Verändern sich Umweltbedingungen, Ziele oder Struktur, liegt es an Ihnen, zu reagieren und den größtmöglichen Nutzen für Ihre Organisationseinheit aus dem Wandel zu ziehen. Sie sind unabdingbar für den Unternehmenserfolg und nehmen daher eine gewichtige Position ein, auch wenn dies nicht immer offensichtlich ist. Sie ziehen die Fäden im Hintergrund und halten Ihr Team zusammen. Alleine dieser Umstand macht Sie wertvoll für Ihr Unternehmen, besonders wenn es Ihnen gelingt, erfolgreich zu führen. Die Schlüssel zum Erfolg liegen in der Kommunikation und Interaktion, in der Transparenz und der Mitarbeiterpartizipation. Die Methoden und Techniken dieses Buches werden Sie auf dem Weg zur geschätzten und erfolgreichen Führungskraft begleiten und Sie in Ihren vielfältigen Führungsaufgaben unterstützen. Die wertvollen Praxistipps und Übungen dienen Ihnen dabei als Orientierungshilfe und Anwendungsbeispiele der erworbenen Kenntnisse.

Sind Sie bereit, sich auf das Abenteuer „Personalführung" einzulassen?

Was qualifiziert eine erfolgreiche Führungskraft?

Führung übernehmen bedeutet verantwortlich sein, zum einen für das Erreichen der gesetzten Ziele, zum anderen aber auch für das Gelingen der zwischenmenschlichen Beziehungen innerhalb des Teams. Eine Führungskraft muss daher bestimmte Kenntnisse, Fähigkeiten und Charakterzüge mitbringen, um beides optimal miteinander zu verknüpfen und als Team zu funktionieren. Führungspersönlichkeit spielt dabei sicherlich nicht unerhebliche Rolle. Sie werden anhand dieses Buches nicht Ihre über Jahre hinweg geprägten Wesenszüge verändern können, jedoch gibt Ihnen dieses Werk auch in schwierigen Situationen Orientierung und Hilfestellung, um diese lösen zu können. In diesem Abschnitt werden die relevantesten Schlüsselfähigkeiten und -kompetenzen einer Führungskraft ausführlich behandelt. Am Ende dieses Kapitels finden Sie den großen Selbsttest „Fit für Führung?". Er soll Sie zur Selbstreflexion anregen und Ihnen zeigen, wo Ihre Stärken liegen und in welchen Bereichen Leadership Tools und Führungsmethoden Sie weiter qualifizieren.

Empathie und Dialogfähigkeit: Umgang mit Menschen

Als Führungskraft sind Sie in erster Linie Kommunikator. Sie besitzen in der Regel einen Informationsvorsprung, was etwa die allgemeine Unternehmensstrategie und die Ziele der Geschäftsführung bzw. Ihrer Vorgesetzten betrifft. Ihre Mitarbeiter hingegen sind Experten ihres eigenen Tätigkeitsfeldes und sind Ihnen in gewissen Bereichen fachlich sogar überlegen. Sie sind dafür verantwortlich, dass Ihre Mitarbeiter alle notwendigen Informationen, Kenntnisse und Kompetenzen besitzen, damit sie ihre Tätigkeiten korrekt ausführen und auch über Hintergrundwissen hierzu verfügen, um ihr Handeln in das System der Organisation einordnen zu können. Es kommt dabei ganz wesentlich auf den regelmäßigen Informationsaustausch an, der Ihnen noch mehr über Ihren Mitarbeiter verrät. Keinesfalls sollten die Geführten dabei das Gefühl der absoluten Kontrolle ihres Handelns durch die Führungskraft bekommen. Vielmehr kommt es dabei auf die Empathie des Vorgesetzten an. Dieser muss Dialogfähigkeit beweisen, um eine offene, auf gegenseitigem Vertrauen basierende Kommunikationskultur zu schaffen.

Bei Empathie denkt man zunächst nicht an eine echte Führungsqualität. In unserem Rollenbild fest verankert ist die starke, strenge Führungskraft, die Respekt einfordert und Unterordnung erwartet. Sicher ist Autorität ein wichtiger Aspekt des Führens, dennoch darf Empathie nicht mit „lieb und nett sein" verwechselt werden. In der Realität sind es gerade die empathischen Leader, die mit ihrem Team erfolgreich sind. Empathie bedeutet die Kompetenz, sich in andere hineinzuversetzen und ihre Perspektive auf die Dinge einzunehmen, um Probleme und deren Ursachen nachvollziehen zu können. Sie bedeutet auch das, was häufig als „Fingerspitzengefühl" im Umgang mit anderen bezeichnet wird. Voraussetzung ist dabei ein realistisches Selbstbild und eine gesunde Selbsteinschätzung. Nur wenn Sie sich selbst und Ihre Stärken und Schwächen kennen und diese im Rahmen der Interaktion reflektieren, gelingt es Ihnen, einen anderen Standpunkt einzunehmen und Einfühlungsvermögen zu zeigen.

Die Empathie der Führungskraft ist der Schlüssel zur Innovation und damit auch zum Erfolg einer Organisationseinheit. Nur wenn Sie Ihren Mitarbeitern genügend Raum für Kreativität bieten, können sich Potenziale entfalten und mit der Zeit Verbesserungen der Arbeitsqualität einstellen. Der empathische Leader weiß, dass nicht nur ein Weg zum Erfolg führt. Und er ist sich bewusst, dass er nicht alles weiß, sondern gerade die Mitarbeiter in ihren Tätigkeitsfeldern teils über vertiefte Kenntnisse verfügen. Es gilt, diesen Spielraum zu nutzen und eigenverantwortliches Handeln der Geführten zu ermöglichen. Es geht darum, die Mitarbeiter aus der Komfortzone zu locken und zu selbständigem Denken anzuregen. Hierzu müssen Sie sie wissen lassen, dass sie die Unterstützung erhalten, die sie benötigen, um ihre Aufgaben anhand ihrer Stärken und Neigungen zu erledigen und Neues zu wagen.

Gelingt es Ihnen, Empathie im Arbeitsalltag zu zeigen, erkennen Sie die Motivation hinter dem Handeln Ihrer Mitarbeiter. Sie verstehen etwa, weshalb ein Mitarbeiter, der einst gesellig und redselig war, sich zurückzieht und kaum mehr sein Büro verlässt. Vielleicht trauert er um einen verstorbenen Angehörigen? Vielleicht müssen Projekte bis zu einer bestimmten Deadline abgeschlossen werden? Oder sind Konflikte innerhalb Ihres Teams die Ursache? Nur wenn Sie sich für Ihre Mitarbeiter und ihr Wohlbefinden interessieren und Sie sie in all ihren Wesenszügen, Einstellungen, Überzeugungen und Erfahrungen kennenlernen, werden Sie ihre Motive kennen- und die Signale richtig deuten lernen.

Auf diese Weise werden Sie erkennen, wem welche Aufgabe aufgrund seiner individuellen Stärken und persönlichen Vorlieben besser gelingt, was die Aufgabenverteilung für Sie als Führungskraft unterstützt. Sie werden dann auch feststellen, ob sich Ihre Mitarbeiter über- oder unterfordert fühlen, ihnen die zugeteilten Aufgaben Freude bereiten oder sie diese nur notgedrungen und halbherzig erledigen. Der Schlüssel zur inneren Gedanken- und Gefühlswelt Ihrer Teammitglieder liegt dabei wiederum in der Kommunikation. Dabei spielt nicht nur der verbale Dialog, der insbesondere dem Informationsaustausch dient, eine große Rolle, sondern auch die nonverbale Kommunikation. Oft sagen bestimmte Verhaltensweisen, Mimik und Gestik mehr über eine Person aus als das gesprochene Wort. Hier gilt es, auf das „Gesamtpaket" zu achten und dieses anhand Ihrer Erfahrung richtig einzuordnen.

Wichtig ist, das Gespräch zu Ihren Mitarbeitern zu suchen – und zwar ganz ungezwungen. Je näher Sie Ihre Teammitglieder kennenlernen, desto eher finden Sie auch gemeinsame, informelle Gesprächsthemen, zum Beispiel was Familie oder Hobbys betrifft. Öffnen Sie sich also und schaffen Sie damit eine Vertrauensbasis, auf der es sich gut kommunizieren lässt.

Praxistipp: aktives Zuhören

Durch aktives Zuhören bringen Sie vieles ganz beiläufig über Ihre Mitarbeiter in Erfahrung und zeigen dabei Ihr Interesse an ihrem Wohlergehen. Nehmen Sie sich die Zeit, für Ihr Team da zu sein und den Mitgliedern ein offenes Ohr zu schenken. Egal, ob es sich um den kurzen Smalltalk nach dem Wochenende oder um ein Gespräch über Probleme im betrieblichen Alltag handelt: Zeigen Sie Ihrem Gegenüber, dass Sie es ernst nehmen und als vollwertiges und geschätztes Mitglied der Gruppe betrachten. Das aktive Zuhören trägt zur Schaffung einer angenehmen Kommunikationskultur bei. So gelingt es Ihnen:

- *Zeigen Sie Ihrem Gesprächspartner, dass Sie bei der Sache sind, etwa durch Nicken oder kurze Einwürfe, während der andere spricht, wie etwa: „Ach was?", „Mhm" oder „Ah, verstehe".*

- *Vergewissern Sie sich, dass Sie Ihren Mitarbeiter auch richtig verstanden haben, indem Sie Rückfragen stellen, die auf das bereits Gesagte Bezug nehmen.*

- *Werten Sie nicht, sondern hören Sie einfach zu. Lassen Sie das Gespräch auf sich wirken.*

- *Beobachten Sie Ihr Gegenüber genau. Aus Wortwahl, Sprachtempo, Intonation, Mimik und Gestik lassen sich wichtige Rückschlüsse auf die Persönlichkeit, die Werte sowie die Einstellungen Ihres Mitarbeiters ziehen. Diese können Sie für die spätere Einschätzung des Verhaltens Ihres Teammitglieds nutzen.*

- *Unterbrechen Sie Ihren Gesprächspartner nicht. Stellt er Ihnen eine Frage, antworten Sie bereitwillig und offen.*

Ein empathischer Leader führt also mit großem Vertrauen zu seinen Geführten und gibt ihnen das Gefühl, geschätzt zu sein und gebraucht zu werden. Durch das hohe Maß an Eigenverantwortlichkeit – selbstverständlich beschränkt auf den Rahmen des jeweiligen Tätigkeitsfeldes – werden durch Raum für Kreativität letztlich Innovationen entstehen.

Empathie ist ein charakterliches Merkmal, das bei Menschen unterschiedlich ausgeprägt ist. Dennoch lässt sie sich erlernen und empathische Verhaltensweisen lassen sich einstudieren. Wollen auch Sie empathischer im Umgang mit Ihren Mitarbeitern werden, können Ihnen diese Verhaltensregeln in der Interaktion weiterhelfen:

- **Hören Sie zu:**
  Hören Sie aktiv zu und nehmen Sie sich Zeit, sich kennenzulernen und sich auch informell über Themen auszutauschen. Sie werden erkennen, wie Ihr Gegenüber „tickt", welche Einstellung und Überzeugungen es mitbringt, was es zurzeit beschäftigt oder wobei es gerne seine Zeit verbringt. Zeigen Sie immer wieder Ihr Interesse und lassen Sie den Mitarbeiter auch an Ihrem Leben teilhaben.

- **Bleiben Sie vorurteilsfrei:**
  Stecken Sie Ihre Mitarbeiter, auch wenn Sie sie bereits gut kennen, nicht immer in dieselbe „Schublade", sondern interagieren Sie unvoreingenommen. Dies erlaubt letztlich den notwendigen Perspektivwechsel, um Motive aufzudecken und Ursachen für bestimmte Verhaltensweisen ausfindig zu machen.

- **Zeigen Sie Verständnis:**
  Das Teammitglied wird sich Ihnen gegenüber öffnen, wenn es erkennt, dass Sie es in seiner Lage verstehen.

Antworten Sie auch dementsprechend etwa mit: „Das kann ich gut nachvollziehen".

- **Beobachten Sie:**
  Lernen Sie die Körpersprache und das Verhalten Ihrer Teammitglieder durch gezielte Beobachtung kennen. Erkennen Sie Muster oder sich regelmäßig wiederholende Routinen? Durch die bewusste Wahrnehmung von Verhaltensweisen werden Sie Ihre Mitarbeiter nach und nach besser einschätzen lernen.

- **Fragen Sie nach:**
  Wenn Ihnen bestimmte Handlungsweisen oder Routinen nicht schlüssig erscheinen oder die Zeichen eines Mitarbeiters sich nicht deuten lassen, gehen Sie auf das jeweilige Teammitglied zu und fragen Sie ganz offen nach dem Grund seines Verhaltens. Konfrontieren Sie es aber keinesfalls mit Vorwürfen und lassen Sie nicht den Anschein erwecken, als planten Sie im Hintergrund Sanktionen. Machen Sie stattdessen deutlich, dass Sie das gezeigte Verhalten nicht deuten können und Sie deshalb nach den Ursachen suchen, um zu verstehen.

Autorität und Überzeugungskraft: Vorbild sein und Stärke ausstrahlen

Autorität und Empathie schließen sich nicht aus. Vielmehr stehen sie in einem Ergänzungsverhältnis zueinander. Es ist wichtig, auf die Mitarbeiter Ihrer Organisationseinheit aktiv zuzugehen, sie zu unterstützen und sich für ihre Belange zu interessieren. Dennoch sollte Ihnen klar sein, dass Sie es nicht immer jedem recht machen können. Es wird immer wieder zu Reibungspunkten kommen und auch Meinungsverschiedenheiten werden auftreten. Das ist ganz natürlich und bringt das Chef-Sein so mit sich. Letztlich sind Sie es aber, der die Zügel in der Hand behalten muss und der die Richtung vorgibt. Sie müssen sich also Autorität verschaffen – in Zeiten flacher Hierarchien und des wachsenden Mitspracherechts der Mitarbeiter ein nicht immer einfaches Unterfangen.

Besitzen Sie bereits durch Ihre herausgehobene Position ein gewisses Maß an Autorität oder zumindest einen Vorsprung? Nun gilt es, gerade wenn Sie eine neue Führungskraft sind, sich zu beweisen und den Mitarbeitern zu zeigen, dass Sie zurecht ihr Leader sind. Es geht auch darum, sich Anerkennung und Respekt zu verschaffen, um die Führungsposition zu legitimieren. Respekt bildet dabei die Grundlage für Autorität. Letztere beschreibt die soziale Stellung, die Ihnen als Führungskraft zugeschrieben wird, und zeigt sich durch Ihren Einfluss auf das Geschehen in Ihrem Team.

Während Respekt auf Gegenseitigkeit beruht und durch Höflichkeit, Gerechtigkeit, Zuverlässigkeit und Menschlichkeit sowie das richtige Verhältnis von Nähe und Distanz entsteht, fordert die Autorität eine bestimmte

Qualifikation, die Sie zum Team Leader macht. Dies können hohe fachliche Kompetenz, Berufserfahrung oder die besondere Wirkung auf andere sein. Noch immer ist in unseren Urinstinkten verwurzelt, dass derjenige Führer sein muss, der besonders stark und unerschütterlich wirkt. Es kann sich dabei um besondere körperliche, aber auch herausragende rhetorische oder geistige Fähigkeiten handeln, die Autorität schaffen und „Untergebene" aufsehen lassen. Es liegt also an Ihnen, sich durchzusetzen und mit viel Anstrengung und Engagement zu beweisen, dass Sie zurecht auf die Leader-Position gehoben wurden.

Ohne Autorität gibt es keine Führung. Können Sie Ihre Mitarbeiter nicht für die gemeinsame Sache begeistern und akzeptieren diese Sie nicht als ihr Leader, werden übergeordnete Ziele des Unternehmens verfehlt und Ihr Team büßt an Produktivität, Effektivität und Effizienz ein. Sie müssen also Herr der Lage bleiben und sich Gehör verschaffen. Das fällt nicht immer leicht, zumal es oft schwierig ist, unpopuläre Entscheidungen zu treffen, die mit den Interessen Ihrer Mitarbeiter kollidieren. Aus diesem Grund braucht die Führungskraft einigen Mut, um Dinge anzugehen und sie beim Namen zu nennen.

Generell sind Sie es, der die Spielregeln in Ihrem Team festlegt. Einige Mitarbeiter werden gerade zu Beginn ihre Grenzen austesten und Sie auf die Probe stellen wollen. Dann ist es wichtig, ihnen mit klaren Worten entgegenzutreten und deutlich zu machen, wo diese Grenzen liegen. Auf diese Weise positionieren Sie sich als Leader. Wichtig ist dabei, dass Sie sich zwar Autorität verschaffen, dabei aber nicht autoritär handeln sollen. Es gilt vielmehr, überzeugend zu kommunizieren und Ihr Team für das Erreichen der von Ihnen gesteckten Ziele, die sich aus der übergeordneten Unternehmensstrategie ergeben, zu begeistern.

Zur Führungsautorität gehört eine Reihe von Aufgaben, die Sie – und nur Sie alleine – wahrnehmen müssen. Diese dürfen Sie nicht bewusst auf Mitarbeiter delegieren oder sich von diesen informell aus der Hand nehmen lassen. Schließlich bestimmen Sie als Autoritätsperson das Geschehen und setzen die wichtigsten Akzente im betrieblichen Alltag. Diese Aufgaben umfassen insbesondere:

- **Die Organisation Ihres Teams:**
  Sie ordnen Aufgaben und Verantwortlichkeiten zu und gestalten die betrieblichen Prozesse. Dabei binden Sie Ihre Mitarbeiter eng ein und fragen sie nach ihrer Meinung. Das letzte Wort sprechen jedoch Sie. Außerdem regeln Sie Arbeitszeiten, Vertretungen und die Stellenbesetzung.

- **Die Ressourcenverantwortung:**
  Sie alleine verfügen über das Budget und alle weiteren Ressourcen, die Ihrer Organisationseinheit zugeteilt wurden. Auch hierbei ist es wichtig, Ihre Mitarbeiter ins Boot zu holen, um in Erfahrung zu bringen, welche Ressourcen zur effektiven und effizienten Aufgabenerledigung benötigt werden.

- **Die Kontrolle der Ergebnisse und Prozesse:**
  Sie überprüfen, wie weit Projekte vorangeschritten sind und ob sich diese mit den gesetzten Zielen decken. Außerdem gleichen Sie Ergebnisse mit den Vorgaben und Erwartungen ab. Dabei ist es wichtig, dass Sie nicht alle Bereiche Ihrer Organisationseinheit vollumfänglich überwachen. Zum einen wird Ihnen dies aus Kapazitätsgründen gar nicht erst gelingen, zum anderen würden sich Ihre Mitarbeiter dauerhaft beobachtet und unter Druck gesetzt fühlen. Vielmehr sollten Sie sich stichprobenartig vergewissern, dass Ihr Team den richtigen Weg verfolgt. Leichter wird

es Ihnen fallen, wenn Sie im Rahmen von Projekten mit Meilensteinen arbeiten, über deren Erfolg Sie sich berichten lassen.

- **Die Formulierung und Festlegung von Zielen:** Als Führungskraft stellen Sie die organisatorische Verbindung zur nächsthöheren Hierarchieebene dar. Sie sind damit dafür verantwortlich, deren Ziele und Strategien in Ihrer Organisationseinheit erfolgreich umzusetzen und entsprechend zu operationalisieren. Sie werden am Erfolg dieser Zielerreichung gemessen und stehen für Verfehlungen ein. Daher liegt es an Ihnen, die Ziele der übergeordneten Hierarchieebene für Ihr Team passgenau umzuformulieren. Sie müssen diese anschließend klar, unmissverständlich und verbindlich kommunizieren. Es dürfen und sollen Spielräume auf dem Weg zur Zielerreichung für Ihre Mitarbeiter bleiben, aber an ihrem Erfüllungsgrad an sich darf dabei nicht gerüttelt werden. Daher müssen Sie jeden einzelnen Mitarbeiter auf die Reise mitnehmen und gegebenenfalls gesondert abholen, um ihn dafür zu begeistern. Dabei sollten Sie insbesondere klar zum Ausdruck bringen, was Sie von jedem Teammitglied erwarten.

Praxistipp: Ziele SMART formulieren

Als Führungskraft ist es Ihre Aufgabe, die Ziele so zu formulieren, dass sie hinsichtlich des Ergebnisses, das am Ende erreicht werden soll, keine Interpretationsspielräume mehr bestehen. Zusätzlich erklären Sie Ihrem Team die Erwartungshaltung im Hinblick auf die Zielerreichung Ihrem Team. Bei der Formulierung von eindeutigen Zielen hilft Ihnen die SMART-Formel. Die Buchstaben S, M, A, R und T stehen dabei für verschiedene Eigenschaften, die gut formulierte Ziele ausmachen. Diese sind:

- *S: Spezifisch*

  Die Ziele müssen genau und explizit beschrieben sein. „Wir müssen das Qualitätsmanagement verbessern" ist zu allgemein formuliert. Vielmehr bedarf es der weiteren Präzision, etwa durch zählbare Elemente und Kennzahlen, sowohl in absoluter als auch in relativer Ausprägung.

- *M: Messbar*

  Bei quantitativen Zielen gelingt die Messbarkeit vergleichsweise einfach, indem zu erreichende Werte (Soll-Vorgaben) klar festgelegt werden („Der Absatz von Produkt X muss um mindestens 20 % Steigen" oder „Die Kundenzufriedenheit muss im Durchschnitt die Note 2,5 oder besser betragen"). Jedoch gibt es auch qualitative Ziele, deren Erreichungsgrad nicht direkt gemessen werden kann. Hier ist der Vorher-nachher-Vergleich von Bedeutung. Dazu bedarf es einer Einschätzung, inwiefern sich Verbesserungen ergeben haben. Vorrangig sollte jedoch eine Quantifizierung ermöglicht werden, um das Kriterium der Messbarkeit zur Genüge zu erfüllen und Ziele überprüfbar zu machen.

- *A: Aktivierend oder auch attraktiv*

  Ziele müssen so formuliert sein, dass sie von den Mitarbeitern akzeptiert und Schritt für Schritt umgesetzt werden. Nur wenn das jeweilige Ziel sie anspricht und sie sich unter den damit verbundenen Erwartungen etwas vorstellen können, verfügen Ihre Teammitglieder über die Kenntnis des zur Bearbeitung des Ziels notwendigen Rahmens. Nur wenn sie Ziele und ihre Ursprünge nachvollziehen können, kann sich Motivation entwickeln.

- *R: Realistisch*

  Sie sollten die Ziele nicht zu hoch stecken. Es gilt für Sie, den Abgleich zwischen vorgegebenen Unternehmenszielen und der Einschätzung der Leistungsfähigkeit Ihres Teams vorzunehmen. Häufig gleicht es einem Balanceakt, beides in realistischem Maße zu vereinen. Bleiben Sie bei der Zielformulierung aber vorsichtig und tendenziell etwas zurückhaltend. Denn nichts ist für Sie wie auch für Ihre Teammitglieder demotivierender als eine ganze Reihe gesteckter Ziele sehenden Auges zu verfehlen.

- *T: Terminiert*

  Letztlich müssen Ziele zu einem fixen Stichtag erreicht sein.

Beispiel für ein SMARTes Ziel, verbunden mit der Kommunikation der Erwartung:

„Mitarbeiter A wird im nächsten Monat zwei Schulungstermine, sowohl vormittags als auch nachmittags, anbieten, bei welchen den anderen Teammitgliedern die notwendigen neuen Fachkenntnisse vermittelt werden, um innerhalb des folgenden Quartals sämtliche Prozesse entsprechend umstellen zu können. Dabei wird erwartet, dass die Schulung alle erforderlichen Kompetenzen vermittelt, um fehlerfreie Bearbeitung zu gewährleisten. Von den geschulten Mitarbeitern wird erwartet, dass diese das erworbene Wissen selbständig praktisch erproben, bevor die Systemumstellung erfolgt. Bei Komplikationen ist Mitarbeiter A umgehend zu kontaktieren."

Begeisterungsfähigkeit: Freude an der Arbeit

Als Leader ist es Ihre Aufgabe, Ihr Team mitzureißen und für die gemeinsame Sache, die von Ihnen gesteckten Ziele, die sich aus der übergeordneten Strategie ableiten, zu begeistern. Stellen Sie sich vor, Sie sind Fußballtrainer in der Profi-Liga und schwören vor einem wichtigen Spiel Ihr Team ein, doch auf dem Platz wird nur halbherzig und ohne großen Ehrgeiz gespielt. Es passieren Fehler und schließlich werden Ihre Gegner schnell die Oberhand gewinnen und erst eines, dann das zweite und schließlich das dritte Tor erzielen. Die Folge für Ihr Team: Frustration und noch geringere Leistungsbereitschaft, da der Mehrwert der Anstrengung nicht erkannt wird.

Sie müssen also Ihr Team motivieren – und zwar das gesamte. Es nützt Ihnen nichts, wenn nur einige Ihrer Mitarbeiter sich für Ihre Ziele begeistern und Ihnen folgen. Um bei dem Fußball-Beispiel zu bleiben: Es wäre fatal, würde zwar die Hälfte der Spieler sich extrem ins Zeug legen und eine Glanzleistung abrufen, die andere Hälfte jedoch nur wenig motiviert an die Sache herantritt. Die Folge wäre dieselbe: Sie verlieren das Spiel. Und wieder macht sich Frustration breit und zwar ganz besonders bei denjenigen Spielern, die zuvor so begeistert und voller Eifer bei der Sache waren. Gerade diese dürfen Sie als Trainer nicht verlieren.

Beim modernen Führen spricht man heute oft vom Coaching des Teams. Sie geben den Takt an und zeigen die Ziele auf, erklären transparent und nachvollziehbar und managen Ihre Fachkräfte. Dabei ist es von großer Bedeutung, Ihren Mitarbeitern die Vision, für die Sie brennen, eindrücklich und mit Begeisterung zu vermitteln. Sie müssen verstehen, warum es sich lohnt, Ihre

Vision zu teilen. Grundvoraussetzung für die Begeisterungsfähigkeit der Führungskraft stellt selbstverständlich die Selbstmotivation dar. Sie können Ihren Mitarbeitern nichts vormachen. Wenn Sie für die eigenen Ziele nicht brennen, werden es auch Ihre Teammitglieder nicht tun. Selbstmotivation lautet hier der Schlüssel zur Begeisterungsfähigkeit.

Übung: Visionen und Ziele

Führen Sie sich selbst vor Augen, was Sie motiviert. Weshalb sind Sie bereit, Überstunden zu machen und Verantwortung im Unternehmen zu übernehmen? Welche Ziele können Sie daraus direkt für sich und Ihr Team ableiten? Finden Sie es heraus, indem Sie Schritt für Schritt vorgehen und eine Mindmap erstellen:

- *Denken Sie an Ihre eignen Überzeugungen und Einstellungen. Worin erkennen Sie den Mehrwert Ihres Handelns? Was veranlasst Sie dazu, für das Unternehmen alles zu geben?*

- *Rufen Sie sich nun die Strategie, das Leitbild oder die übergeordneten Unternehmensziele ins Gedächtnis. Wie decken sich diese mit Ihrer eigenen Vision und Ihren Idealen? Welche Parallelen erkennen Sie?*

- *Formulieren Sie nun daraus motivierende, realistische Ziele für sich und das Team, von denen Sie selbst überzeugt sind und die Ihnen besonders wichtig sind, um erfolgreich handeln zu können. Arbeiten Sie mit kleinen Meilensteinen und Zwischenzielen, die auf dem Weg zum großen Ziel unterstützen.*

- *Blicken Sie auf vergangene Erfolge zurück. Wie passen diese Erfolgserlebnisse zu den Zielen? Knüpfen sie direkt an die Erfolge an? Stellen Sie den Zusammenhang her und finden Sie die Gründe für den Erfolg.*

- *Betrachten Sie nun Misserfolge und Rückschläge der Vergangenheit. Analysieren Sie die Ursachen und finden Sie heraus, was hätte besser gemacht werden können, um die Ziele zu erreichen.*

Nun gilt es für Sie, Ihre Begeisterung weiterzutragen und Ihre Mitarbeiter damit „anzustecken". Hierzu ist es wichtig, dass Sie für Ihr Team Quelle der Inspiration sind. Sie müssen Ihre Vision überzeugend kommunizieren. Arbeiten Sie hierzu auch mit Bildern und Emotionen bei der Vermittlung Ihrer Vision und Ihrer Ziele. Gehen Sie mit einer positiven Grundeinstellung heran, zeigen Sie eine von Leidenschaft und persönlicher Überzeugung geprägte Ausstrahlung und versuchen Sie, bei den Mitarbeitern „anzukommen". Bleiben Sie dabei aber authentisch und spielen Sie Ihren Teammitgliedern nichts vor. Manche werden die Chancen sofort erkennen und sich für Ihr Konzept sofort begeistern. Andere werden sich kritisch oder abwartend verhalten. Auch sie gilt es im Laufe der Zeit „abzuholen" und zwar an einem Punkt, den Sie individuell selbst herausfinden müssen. Stellen Sie sich dabei die Frage, was Ihre Mitarbeiter bewegt und welche Überzeugungen sie selbst mitbringen. Finden Sie eine gemeinsame Basis und bauen sie auf dieser neu auf, indem Sie die Gemeinsamkeiten und sich deckenden Zielvorstellungen nachvollziehbar darstellen.

Wenn Sie über Ihre Vision und Ihre Ziele sprechen, gehen Sie auf Erfolgserlebnisse ein und stellen Sie den Zusammenhang her, damit Ihre Mitarbeiter erkennen, wofür es sich lohnt, hart gearbeitet und ihren Beitrag zum Ganzen geleistet zu haben. Zeigen Sie aber auch Toleranz gegenüber Misserfolgen und Frustration der Vergangenheit. Vermitteln Sie, dass Fehlschläge nicht schlimm sind und gewinnen Sie ihnen etwas Positives ab, indem Sie die daraus gewonnenen Erfahrungen in den Vordergrund rücken.

Letztlich bedeutet begeisterungsfähig zu sein, die Produktivität und Leistungsfähigkeit Ihres Teams langfristig und nachhaltig zu erhöhen und die Loyalität zum Unternehmen zu erhöhen. Denn sind auch Ihre Mitarbeiter von Ihrer Vision überzeugt, werden Sie Ihren Beitrag nicht nur freiwillig, sondern sogar mit viel Engagement und Freude leisten wollen.

Fairness: Gerechtigkeit und Ausgleich im Berufsalltag

Fairness ist im Sport oberstes Gebot. Wer nicht fair spielt, der hat nach schwerwiegenden oder mehrfachen Verstößen mit ernsthaften Konsequenzen zu rechnen. In der Arbeitswelt gestaltet sich dies vom Grunde her nicht anders. Wie Sie bereits in Erfahrung gebracht haben, sind Sie es, der die Spielregeln vorgibt, an die sich alle zu halten haben. Wichtig ist dabei, dass auch wirklich für alle Teammitglieder die gleichen Regeln gelten. Egal ob im Verhältnis zur Führungskraft oder unter den Kollegen: Stellten Sie sicher, dass niemand bevorzugt oder benachteiligt wird, denn dann wird es innerhalb des Teams rasch zu Spannungen kommen und Sie werden nicht mehr als geschlossene Gruppe an einem gemeinsamen Strang ziehen.

Problematisch zu bewerten ist im Zusammenhang mit der Fairness am Arbeitsplatz, dass diese häufig subjektiv erlebt und die Vorstellung von Gerechtigkeit von Mensch zu Mensch unterschiedlich empfunden wird. Was wir als „fair" oder „unfair" erachten, liegt stets im Auge des jeweiligen Betrachters. Dabei ist es wichtig zu wissen, dass sich Fairness auf verschiedene Betrachtungsebenen bezieht. Es handelt sich hierbei um die zwischenmenschliche Dimension, die organisatorische Dimension, die informationale Dimension sowie die Fairness auf der Ebene der Ergebnisse. Entwickelt wurden diese vier Ausprägungen von Frey und Streicher im Rahmen des Werkes „Psychologie der Innovationen und Organisationen" des Roman Herzog Instituts.

- **Zwischenmenschliche Fairness-Dimension**
  Es gilt, sowohl formelle als auch informelle Regeln der Kommunikation und Interaktion zu beachten und in der Interaktion Gerechtigkeit und Gleichbehandlung walten zu lassen. Insbesondere sollten vor Entscheidungen unterschiedliche Interessen berücksichtigt werden. Außerdem sollte die Kommunikationskultur von gegenseitigem Respekt, Höflichkeit, Rücksicht und Wertschätzung im Umgang miteinander geprägt sein. Als Führungskraft ist es Ihre Aufgabe, alle Mitglieder Ihres Teams gleich zu behandeln, selbst wenn Sie einzelne Mitarbeiter nicht, andere jedoch besonders mögen. Hier gilt es, sich neutral zu verhalten, um Missgunst und Neid vorzubeugen. So müssen etwa auch bei Konflikten alle Parteien die Möglichkeit erhalten, ihre Sichtweise auf die Dinge darzulegen.

- **Organisatorische Fairness-Dimension**
  Die Prozesse und betrieblichen Abläufe müssen einem gewissen, festgelegten Muster folgen und dürfen nicht beliebig erscheinen. Nachprüfbarkeit und Nachvollziehbarkeit der Arbeitsvorgänge sind essenziell, um eine gerechte Arbeitsverteilung zu gewährleisten und eine gleich hohe Auslastung der Mitarbeiter zu bewirken. Ein regelmäßiges, überdurchschnittliches Arbeitspensum kann dabei schnell als „unfair" bewertet werden.

- **Informationale Fairness-Dimension**
  Regeln und Entscheidungen innerhalb Ihres Teams müssen nachvollziehbar sein. Ihre Mitarbeiter müssen

über alle notwendigen Informationen verfügen, die sie benötigen, um deren Hintergründe und Ursachen zu verstehen. Sie müssen wissen, warum etwas geschieht bzw. sich verändert. Bestenfalls werden sie in den Veränderungsprozess aktiv eingebunden und begleiten die Maßnahme selbst. Für den Informationsfluss innerhalb Ihres Teams sowie von höheren Hierarchieebenen in Ihre Organisationseinheit hinein sind Sie als Führungskraft verantwortlich. Mitarbeiter müssen dabei nicht alles wissen. Vielmehr gibt es durchaus Angelegenheiten, die Verschwiegenheit erfordern. Hier gilt es für Sie, die richtige Balance zu finden.

- **Fairness auf der Ebene der Ergebnisse**
  Vergleichen Sie nicht die Leistungen von Mitarbeiter A und Mitarbeiter B direkt miteinander. Sie bringen unterschiedliche Voraussetzungen, Fähigkeiten und Qualifikationen mit. Vielmehr müssen Sie die Ergebnisse am Ende stets in Relation sehen. Wie sehr haben sich Ihre Mitarbeiter bemüht, das Ziel zu erreichen? Wem fällt die Zielerreichung grundsätzlich leichter und wer hatte dabei Schwierigkeiten? Werten Sie erst nach Würdigung aller Umstände und machen Sie sich zunächst ein umfassendes Bild von Ihren Mitarbeitern.

Letztlich bildet Transparenz die Basis für das Gelingen von Fairness. Erklären Sie Ihren Teammitgliedern ausführlich, weshalb Sie offenkundig gleichgelagerte Situationen unterschiedlich entschieden haben, natürlich unter der Voraussetzung, dass es sachlich gerechtfertigte Gründe hierfür gibt. Anderweitig könnte es passieren, dass Entscheidungen abgelehnt werden und das Gefühl, unfair behandelt worden zu sein, in Frustration umschlägt. Sprechen Sie also offen über Ihre Beweggründe und kommunizieren Sie ehrlich.

Das mag nicht immer einfach für Sie sein, da gerade der Verteilung von Anerkennungen, etwa in Form von Freizeitausgleich oder finanzieller Boni, ein grundlegender Vergleich der Arbeitsleistung vorausgeht. Häufig ist die Folge, dass diese Anerkennungen von Leistungen nach dem „Gießkannenprinzip" auf alle Mitarbeiter in etwa gleich verteilt werden, womit Sie Ihre Funktion der Leistungsorientierung und damit das Wecken von Ehrgeiz gänzlich verlieren. Sie sollten herausragende Leistungen einzelner Mitarbeiter daher besonders belohnen. Dies muss aber begründbar und auch für die anderen Kollegen nachvollziehbar sein. Handeln Sie daher in jedem Fall prophylaktisch und sichern Sie die Fairness vorab durch Regeln, die Sie schließlich an Ihre Mitarbeiter kommunizieren. Oft äußern Mitarbeiter ihre Kränkung in Folge des Gefühls einer Ungleichbehandlung nicht, sondern „schlucken" ihre Frustration und ihre Wut hinunter. Möglicherweise erfahren Sie also nicht, dass Ihnen insgeheim unfaires Handeln unterstellt wird. Jedoch zieht der unausgesprochene Vorwurf ernste Folgen nach sich: Die Motivation sinkt und damit auch die Bereitschaft, mehr als die erwartete Leistung zu bringen. Im Wesentlichen liegt die Ursache hierfür in einem Mangel an Information und Transparenz. Sprechen Sie mit Ihren Mitarbeitern also ganz offen über Fairness und klären Sie sie über die notwendigen Hintergründe auf. Dann wird das Gleichgewicht innerhalb des Teams hergestellt und Sie werden als soziale Gruppe einwandfrei funktionieren.

Praxistipp: Mitarbeiterbeurteilung

Geht es um die jährliche (oder quartalsweise) Mitarbeiterbeurteilung, sollten Sie sich ein Punktesystem und zu bewertende Kriterien überlegen. Gewichten Sie die Kriterien unterschiedlich, nach Stärken und Schwächen der einzelnen Mitarbeiter, ist dies nur fair. Für bestimmte Mitglieder Ihres Teams können Sie auch gesonderte Kriterien in den Bewertungsbogen mitaufnehmen. Sie müssen dies allerdings im Einzelnen begründen, um Ihre Bewertung nachvollziehbar zu gestalten. In jedem Fall ist die Mitarbeiterbewertung ein wichtiges Instrument, um Feedback zu geben. Je ausführlicher Sie die Bewertung gestalten und je mehr Sie Ihre Bewertung belegen, desto mehr Schlüsse kann der Mitarbeiter daraus ziehen und desto eher werden die Bewertungen miteinander vergleichbar, was das Gefühl der Fairness deutlich steigert. Besonders von Bedeutung ist eine nachvollziehbare Bewertung, wenn diese direkt an Anerkennungen materieller, finanzieller oder sonstiger Art geknüpft sind.

Authentizität und Integrität: Bleiben Sie sich selbst treu

Unabdingbar für den Führungserfolg ist letztlich, dass Sie sich selbst in Ihrem Handeln wiedererkennen und nach Ihren Moralvorstellungen, Ihren Überzeugen und Ihrem persönlichen Wertesystem tätig werden. Authentizität und Übereinstimmung von Wort und Tat lassen Sie für Ihre Mitarbeiter zur verlässlichen, berechenbaren Konstante werden, die fair und empathisch aber dennoch selbstbewusst und bestimmt führt.

Die Grundlage für authentisches Handeln und eine integre Persönlichkeit bildet das „Selbst-Bewusstsein". Sie müssen Ihre eigene Gedanken- und Gefühlswelt aufmerksam beobachten, Ihre Wünsche und Vorstellungen sowie Ihr tatsächliches Handeln reflektieren, um Ihre eigene Identität zu entdecken. Begeben Sie sich im Rahmen der Introspektion auf eine Reise zu sich selbst. Wo liegen Ihre Stärken und wo Ihre Schwächen? Welche Charakterzüge machen Sie aus und wie passen Sie zu Ihrer Persönlichkeit? Von welchen moralischen Grundfesten sind Sie überzeugt? Um all dies in Erfahrung zu bringen, braucht es mehr, als einen kurzen Augenblick der inneren Einkehr. Um mehr über sich selbst und über Ihre Wirkung auf andere in Erfahrung zu bringen, müssen Sie sich Zeit nehmen und zur Ruhe kommen. Denken Sie über Ihre Emotionen nach. Was hat Sie in letzter Zeit bewegt und worin liegen die Ursachen hierfür? Nur wenn Sie sich selbst erkennen, gelingt es Ihnen, Ihr künftiges Handeln bewusster wahrzunehmen und Integrität im Führungsalltag zu leben.

Übung: Introspektionspause

Um sich seiner eigenen Werte, seiner Emotionen, seiner Überzeugungen und seines Handelns bewusst zu werden, hilft es, sich auch zwischendurch eine Auszeit zu nehmen und sich auf die Wahrnehmung des Unbewussten zu fokussieren. Diese kleine Pause vom hektischen Alltag wird nicht eine umfassende Innenschau ersetzen oder den einen Moment der Erkenntnis herbeiführen, jedoch hilft sie, das Bewusstsein zu schärfen und das Handeln nach eigenen Werten zu reflektieren.

Machen Sie es sich hierzu gemütlich, lehnen Sie sich zurück und schließen Sie die Augen. Stellen Sie sich bestimmte Situationen vor, die Sie in der jüngeren Vergangenheit emotional berührt haben, egal ob Angst, Wut, Trauer, Freude oder Zufriedenheit. Führen Sie sich die Situation in allen Details noch einmal vor Augen. Versuchen Sie sich an Worte, Mimik und Gestik Ihres Gegenübers und an Ihr eigenes Handeln zu erinnern. Lassen Sie die Situation Revue passieren, als wäre sie ein innerer Film. Stellen Sie sich nach der Sequenz folgende Fragen, die Sie schließlich beantworten:

- *Wie kam es zu dieser Situation?*

- *Was hat Ihr Gegenüber in Ihnen ausgelöst und weshalb?*

- *Worin liegen die Ursachen für Ihr Handeln?*

- *Würden Sie im Nachhinein noch einmal genauso handeln? Warum oder warum nicht?*

- *Was denken Sie, hat Ihr eigenes Handeln in Ihrem Gegenüber ausgelöst?*

- *Wie bewerten Sie die Situation rückblickend insgesamt?*

Wiederholen Sie dann die Sequenz noch einmal innerlich und überprüfen Sie Ihr Verhalten. Wie passt es zu Ihren Überzeugungen und Einstellungen? Waren Sie authentisch oder haben Sie entgegen Ihrer Grundsätze und Prinzipien gehandelt?

Die Selbsterkenntnis stellt die Grundlage authentischen, integren Handelns dar. Darauf aufbauend, muss die Führungskraft in der Lage sein, ihr eigenes Verhalten zu reflektieren, Informationen unvoreingenommen zu würdigen, alle zugrundeliegenden Daten vor einer Entscheidung ausgiebig zu analysieren sowie ehrlich, aufrichtig und transparent zu kommunizieren. Sie erkennen sicherlich einige Parallelen zu den zuvor vorgestellten Führungskompetenzen. Dies ist dem Umstand geschuldet, dass ohne Authentizität keine der Führungsaufgaben gelingen kann. Sie spielt in jeder Interaktion eine große Rolle und muss daher als grundlegende, Vertrauen schaffende Eigenschaft betrachtet werden.

Durch Authentizität enthüllen Sie ein Stück weit sich selbst. Hierzu ist es aber von Belang, ehrlich zu sich selbst zu sein und konsequent zu handeln. Das zeigt sich immer wieder auch bei Widerständen. Da Führung komplex und von Widersprüchen und Konflikten geprägt ist, werden Sie auch einmal gezwungen sein, entgegen Ihrer eigenen Prinzipien und Wertvorstellungen oder derer Ihrer Mitarbeiter tätig zu werden. Wägen Sie in diesen Fällen ab, ob eine einmalige Ausnahme ermöglicht werden kann, um dem Druck bzw. der Erwartung gerecht zu werden, oder ob Sie damit sich selbst verraten würden und damit das Vertrauen Ihres Teams aufs Spiel setzen. Ausnahmen sind vollkommen legitim, solange sie nicht zu häufig werden. Schließlich werden auch Sie dauerhaft nicht in der Lage sein, immer wieder aufs Neue gegen Ihre inneren Überzeugungen zu verstoßen und dabei eine gute Führungspersönlichkeit abzugeben.

Grundsätzlich bewährt es sich als Führungskraft, Standhaftigkeit zu beweisen und konsequent seinen eigenen Werten zu folgen. Klar ist, dass diese nicht gezwungenermaßen mit den Einstellungen und Werten Ihrer Teammitglieder übereinstimmen müssen, sondern vielleicht sogar kollidieren? Zwecklos wäre es, den Mitarbeitern sein eigenes Wertesystem aufzwängen zu wollen. Sie würden die in ihren Augen fremdartigen Ansichten nicht akzeptieren. Vielmehr führt der Weg über die gemeinsame Annäherung. Finden Sie dabei Anknüpfungspunkte und bauen sie auf dieser Basis auf. Letztlich gilt es für Sie, einen gesunden Ausgleich zwischen eigenen Beweggründen und jenen Ihrer Teammitglieder herzustellen.

Verhalten Sie sich authentisch und integer, steigen durch das gewonnene Vertrauen durch die Glaubwürdigkeit Ihrer Taten die Motivation und das Engagement Ihrer Mitarbeiter. Sie wachsen als Team zusammen und schaffen eine von gegenseitigem Respekt geprägte, wertorientierte und offene Kommunikationskultur. Auf diese Weise gelingt es Ihnen, sich auf die Zielerreichung zu fokussieren und die Leistungsbereitschaft zu steigern.

Fit für Führung? Der kleine Selbsttest

Sind Sie bereit, Führungsverantwortung zu übernehmen und bringen Sie bereits das notwendige Rüstzeug für die verantwortungsvolle und komplexe Aufgabe mit? Oder sind Sie bereits Führungskraft und möchten in Erfahrung bringen, wo Sie stehen? Dieser Führungskraft-Selbsttest soll Ihnen Orientierung geben und Sie zur Selbstreflexion anregen. Anhand der Auswertung gelingt es Ihnen, sich selbst, Ihre Persönlichkeit und Ihre Fähigkeiten einzuschätzen. Dabei kann der Test nicht alle Facetten des vielfältigen und anspruchsvollen Tätigkeitsfeldes eines Leaders abdecken. Vielmehr beschränkt er sich auf die Betrachtung weniger, jedoch bedeutender Kriterien und Kompetenzen einer Führungskraft. Beziehen Sie im Anschluss die Auswertung auf Ihr eigenes Umfeld und Ihre individuelle Situation und betrachten Sie das Ergebnis nie unreflektiert.

Im Folgenden werden Ihnen einige Situationen geschildert, die im Führungsalltag auf Sie zukommen könnten, jeweils verbunden mit der Frage: „Wie verhalten Sie sich?" Im Anschluss daran werden mehrere Antwortmöglichkeiten zur Auswahl gestellt. Wählen Sie immer diejenige Antwort aus, die Ihrem tatsächlichen Handeln am meisten entspricht. Ganz wichtig ist in diesem Zusammenhang zu erwähnen, dass Sie hierbei unbedingt ehrlich zu sich selbst sein sollten. Antworten Sie nicht so, wie Sie es sich wünschen, sich zu verhalten, sondern wie Sie zum jetzigen Zeitpunkt reagieren würden. Lassen Sie sich dabei auch nicht von den vorangegangenen Kapiteln beeinflussen, sondern antworten Sie wahrheitsgemäß und realitätsnah.

1) Sie beobachten, dass ein Mitarbeiter regelmäßig morgens nach dem Hochfahren des PCs zunächst den Weg in die Teeküche sucht, um sich einen Kaffee zuzubereiten. Dann setzt er sich mit dem Heißgetränk zurück an den Arbeitsplatz und beginnt mit einfachen Tätigkeiten, anstatt gleich mit dem dringend anstehenden Projekt zu beginnen. Wie verhalten Sie sich?

   a) Ich habe genug von seinem morgendlichen Müßiggang und stelle ihn zur Rede. Ausreden lasse ich nicht gelten. Er hat schließlich seine Arbeit zu tun, wie jeder andere im Team auch.

   b) Ich toleriere das Verhalten. Der Mitarbeiter hat täglich viel um die Ohren und ich gönne ihm den sanften Start in den Tag, wenn er weiterhin seine Leistung bringt.

   c) Meine Beobachtungen lassen mich aufhorchen. Ich kann das Verhalten nicht nachvollziehen, weshalb ich ihm meinen Eindruck schildere und ihn nach seinen Gründen frage.

   d) Mir ist das Verhalten des Mitarbeiters egal. Solange er seine erwartete Leistung erbringt, kann er den Tag auch etwas lockerer starten.

   e) Ich drohe dem Mitarbeiter mit arbeitsrechtlichen Maßnahmen, wenn er sein Verhalten nicht ändert.

2) Bei einer Team-Besprechung kommentiert ein Mitarbeiter fast alle Ihre Äußerungen und versucht Sie ins Lächerliche zu ziehen. Ein paar der anderen Teammitglieder gehen darauf ein und lassen sich davon ablenken. Wie verhalten Sie sich?

   a) Etwas Spaß muss sein. Ich lasse ihn weiter „herumblödeln", auch wenn es mich etwas stört.

b) Das Verhalten ist inakzeptabel. Der Mitarbeiter weiß, wo sein Platz ist und hat sich mir unterzuordnen und nicht dazwischenzufunken. Deshalb bringe ich vor versammelter Mannschaft klar und deutlich zum Ausdruck, dass es nun genug ist.

c) Nach einigen weiteren Einwürfen spreche ich den Mitarbeiter direkt an und frage ihn, ob er uns, im Speziellen mir, etwas mitteilen möchte. Sollte er den Vortrag weiter stören, bitte ich ihn, den Raum zu verlassen. Im Anschluss suche ich das Vieraugen-Gespräch und erkundige mich nach dem Grund für das missbilligende Verhalten.

d) Ich versuche den Vortrag auf das Nötigste abzukürzen, um der unangenehmen Situation rasch zu entgehen. Das Fehlverhalten ignoriere ich.

e) Die massive Störung macht mich rasend und ich werde dem Mitarbeiter gegenüber laut. Ist er auch dann nicht bereit, aufzuhören, zeige ich dem Teammitglied vor allen Teilnehmern, wer am längeren Hebel sitzt.

3) Ihr Team hat vom Geschäftsführer eine neue Aufgabe zugeordnet bekommen, die es nun zu erledigen gilt. Es steht die Entscheidung an, die Aufgabe einem bzw. mehreren Mitarbeitern zuzuteilen. Wie verhalten Sie sich?

a) Ich informiere das gesamte Team im Rahmen einer Konferenz und gebe die Informationen zur Aufgabenstellung weiter. Dabei erläutere ich den Aufgabenumfang im Detail. Anschließend motiviere ich meine Mitarbeiter zur Lösungssuche im Rahmen der Diskussion. Somit erkenne ich fähige Mitarbeiter, die Bereitschaft und Engagement zeigen.

b) Ich setze die Mitarbeiter von der neuen Aufgabe in Kenntnis und gebe zu verstehen, dass ich mir die Aufgabenverteilung vorbehalte.

c) Die Mitarbeiter werden von mir nicht über die neue Aufgabenzuteilung informiert. Ich bestimme den Mitarbeiter, der mir am fähigsten für diese Aufgabe erscheint, ohne andere einzubeziehen.

4) Sie bemerken auf Ihrem Weg zum Meeting mit Ihrem Vorgesetzten, wie zwei Ihrer Mitarbeiter einen lautstarken Konflikt führen. Die Situation könnte weiter eskalieren, da bereits Papiere zerrissen und zu Boden geworfen wurden. Wie verhalten Sie sich?

a) Ich lasse die beiden ihren Konflikt selbst regeln, da ich es eilig habe. Danach werde ich das Gespräch mit den beiden suchen und meine Beobachtungen und meinen Eindruck schildern.

b) Ich gehe umgehend dazwischen und trenne die beiden Teammitglieder räumlich voneinander. Ich spreche sofort mit beiden unter vier Augen, um die Hintergründe des Konflikts in Erfahrung zu bringen. Nach Abklingen der Erregung werde ich die Mitarbeiter in einem moderierten Gespräch zusammenführen und versuchen, den Konflikt zu lösen.

c) Ich trenne die beiden sofort und entscheide, beide in ihr Büro zu verweisen. Im Anschluss an das Meeting, höre ich mir beide Seiten an, bevor ich versuche, ein vermittelndes Gespräch zu führen.

d) Ich stelle die beiden sofort zur Rede und frage, worin der Grund für die Aufregung liegt. Dabei versuche ich umgehend eine Lösung herbeizuführen, wenn ich der Ansicht bin, dass einer der beiden Recht hat oder sich ein Kompromiss anbietet.

e) Ich gehe sofort dazwischen und verschaffe mir umgehend Gehör. Dabei weise ich darauf hin, dass das Verhalten der beiden nicht geduldet werden kann, da sich alle Teammitglieder auf die Zielerreichung zu fokussieren haben.

5) Sie bemerken, dass ein Mitarbeiter seit der letzten Leistungsbewertung nur noch das Nötigste mit Ihnen bespricht und sich wortkarg gibt. Auch seine Einsatzbereitschaft und einstige Freude an der Arbeit scheinen verflogen. Das auffällige Verhalten lässt Sie aufhorchen. Wie verhalten Sie sich?

a) Ich frage im direkten Kollegenkreis des Teammitglieds, welche Ursachen das andersartige Verhalten haben könnte.

b) Ich gehe offen auf den Mitarbeiter zu, schildere ihm meine Beobachtung und frage ihn, was ihn belastet und wie er sich fühlt.

c) Ich ignoriere das Verhalten. Früher oder später wird es sich wieder einspielen und dann wird der Mitarbeiter wieder ganz der Alte sein.

d) Ich weiß, dass das Teammitglied mit seiner Beurteilung nicht zufrieden ist. Ich werde daher noch einmal das Gespräch suchen und aufzeigen, weshalb es zu dieser Bewertung gekommen ist.

e) Ich korrigiere die Leistungsbewertung, damit der Mitarbeiter wieder zufriedener ist.

6) Ein neuer Mitarbeiter wird Ihrem Team zugeteilt. Wie verhalten Sie sich?

a) Ich zeige dem neuen Mitarbeiter seinen Arbeitsplatz, erkläre ihm seine Aufgaben und stelle ihm einen erfahrenen Mitarbeiter als Ansprechpartner zur Seite.

b) Ich stelle den neuen Mitarbeiter alle Teammitglieder einzeln vor. Danach tauschen wir uns über unsere Erwartungen aus. Ich befrage ihn zu seinem beruflichen Wirken, damit ich das neue Teammitglied besser kennenlerne und sich erste Stärken und Schwächen offenbaren.

c) Ich lasse das neue Teammitglied zu Beginn nicht aus den Augen und begutachte seine Arbeitsergebnisse vorerst genau. Erst wenn dieser sich gut eingearbeitet hat, vertraue ich auf seine Arbeitsleistung voll und ganz.

d) Ich stelle den neuen Mitarbeiter allen Teammitgliedern vor. Dann begleite ich ihn an seinen neuen Arbeitsplatz und lasse ihn seine Arbeit erledigen.

7) Einer Ihrer Mitarbeiter ist hochmotiviert, zeigt überdurchschnittliches Engagement und leistet zahlreiche Überstunden für verschiedene Projekte. Leider werden jedoch die Ziele des Teams verfehlt, da sich die Bemühungen in eine andere Richtung erstrecken. Wie verhalten Sie sich?

a) Ich möchte die hohe Leistungsbereitschaft des Mitarbeiters nicht beeinträchtigen. Einige Ergebnisse tragen durchaus zur Zielerreichung bei, wenn auch nur in Teilen. Dennoch soll sich der Mitarbeiter durch sein hohes Engagement selbst verwirklichen dürfen.

b) Ich zeige dem Mitarbeiter deutlich auf, dass seine Tätigkeit nicht zielfördernd ist. Er muss sich wieder an den Zielen orientieren, auch wenn seine Interessen dem widersprechen.

c) Ich suche das Gespräch und lobe seinen großartigen Arbeitseinsatz. Dabei spreche ich mit ihm über seine Ziele und die des Teams. Im Gespräch werden wir eine gemeinsame Basis finden, auf welcher wir aufbauen können, um seine Bemühungen in die richtige Richtung zu lenken.

8) Es ist der letzte Arbeitstag vor Weihnachten und Sie bemerken, dass vier Ihrer Mitarbeiter gegen Feierabend noch bei Punsch und Plätzchen beisammensitzen, anstatt die letzten Arbeiten, die noch dringend erledigt werden müssen, anzugehen. Wie verhalten Sie sich?

a) Ich löse die Versammlung umgehend auf und weise die Mitarbeiter an, sich ihren Aufgaben zu widmen.

b) Ich setze mich kurz zu ihnen und nehme am lockeren Gespräch teil und genieße selbst die ausgelassene Atmosphäre. Nach einigen Minuten begebe ich mich wieder ins Büro und vergewissere mich, dass die Teammitglieder ihre Aufgaben noch zu Ende führen.

c) Ich nehme an der geselligen Runde teil und unterhalte mich gut mit den Mitarbeitern bis diese sich in den Feierabend und die Weihnachtsfeiertage verabschieden. Die liegengebliebene Arbeit erledige ich dann noch selbst und gönne den Mitarbeitern den ungezwungenen Abschluss.

d) Ich spreche kurz informell mit den Mitarbeitern, bevor ich wieder auf die Arbeit Bezug nehme und ihnen erkläre, was es noch alles zu tun gibt. Ich erwarte, dass die Aufgaben erledigt werden. Dann verabschiede ich mich wieder in mein Büro.

9) Aufgrund zahlreicher Fehltage und schlechter Arbeitsergebnisse entschließt sich die oberste Führungsebene einen Ihrer Mitarbeiter zu kündigen. Mit der Aushändigung des Kündigungsschreibens werden Sie beauftragt. Wie verhalten Sie sich?

a) Ich suche das Vieraugengespräch und erkläre dem Mitarbeiter, was die Führungsebene dazu bewogen hat, sich so zu entscheiden. Dabei zolle ich ihm Respekt und Dankbarkeit für die Zusammenarbeit und sage meine Unterstützung für die weitere berufliche Orientierung zu.

b) Ich lege das Kündigungsschreiben in das Fach des Mitarbeiters und lasse eine Notiz zurück, dass das Teammitglied mit mir sprechen kann, wenn es Fragen hat.

c) Ich suche das Vieraugengespräch und zeige klar auf, dass der Beitrag zur Zielerreichung über längere Zeit deutlich zu wünschen übrig ließ. Ausreden oder Begründungen lasse ich nicht zu, da ich hinter der Entscheidung der Geschäftsführung zu stehen habe.

d) Ich suche das Vieraugengespräch und erkläre dem Mitarbeiter, dass die Entscheidung auch nicht in meinem Sinne war und dass wir nun mal damit leben müssen, dass sich die Wege trennen. Ich bekunde mein Mitgefühl und danke ihm für die erbrachte Leistung.

10) Ein Mitarbeiter einer anderen Abteilung erklärt Ihnen im Vertrauen, gerne in Ihr Team wechseln zu wollen. Er wirkt motiviert und fähig auf Sie. Sie haben aber gerade keinen ungedeckten Personalbedarf. Wie verhalten Sie sich?

a) Ich bringe gegenüber dem fremden Mitarbeiter zum Ausdruck, dass ich sein Ansinnen sehr schätze und Verschwiegenheit bewahre, bis sich eine personelle Veränderung ergibt und ich ihn bei der Personalauswahl berücksichtigen kann.

b) Ich sage ihm, dass wir derzeit keinen Bedarf an zusätzlichen Kräften haben. Wenn wir Stellen ausschreiben, kann er sich darauf bewerben.

c) Ich spreche im Anschluss an den Dialog mit seinem direkten Vorgesetzten und frage, ob es in der Vergangenheit Vorfälle unter den Mitarbeitern oder mit der abteilungsfremden Führungskraft gab.

Auflösung:

Für die gegebenen Antworten erhalten Sie eine unterschiedliche Anzahl an Punkten. Addieren Sie diese schließlich, um die Gesamtpunktzahl zu ermitteln.

Situation 1: a) 1 b) 2 c) 5 d) 3 e) 0

Situation 2: a) 2 b) 3 c) 5 d) 0 e) 1

Situation 3: a) 5 b) 3 c) 0

Situation 4: a) 1 b) 5 c) 3 d) 2 e) 0

Situation 5: a) 1 b) 5 c) 1 d) 3 e) 0

Situation 6: a) 4 b) 5 c) 0 d) 2

Situation 7: a) 3 b) 0 c) 5

Situation 8: a) 0 b) 5 c) 1 d) 3

Situation 9: a) 5 b) 0 c) 3 d) 1

Situation 10: a) 5 b) 3 c) 0

Auswertung:

41 bis 50 Punkte:

Sie sind bereits ein sehr guter Leader, der Führungskompetenzen besitzt und sie geschickt einzusetzen weiß. Vielleicht haben Sie bereits einige Führungserfahrung gesammelt und verschiedene Methoden für sich entdeckt. Jedenfalls gehen Sie bereitwillig auf Ihre Mitarbeiter und ihre Belange ein und sorgen damit für eine von Harmonie und gegenseitigem Vertrauen geprägte Arbeitsatmosphäre. Dies bildet die solide Basis für effizientes und motiviertes Arbeiten in Ihrem Team. Vertiefen Sie nun Ihre Kenntnisse und Fertigkeiten weiter, indem Sie sich zahlreichen Tipps und Ratschläge dieses Buches aneignen und auf diese Weise Ihr umsichtiges Handeln und den daraus resultierenden Erfolg nachvollziehen. Werden Sie sich der Hintergründe Ihres vertrauensbildenden Verhaltens bewusst und setzen Sie die Führungstechniken noch gezielter und koordinierter ein. Dann werden Sie auch in Zukunft erfolgreich führen.

31 bis 40 Punkte:

Sie sind bereits auf dem richtigen Weg, eine gute Führungskraft zu werden. Sie bringen viele Fähigkeiten, die für erfolgreiches Leadership notwendig sind, mit und wenden diese auch hin und wieder an. In manchen Situationen brauchen Sie noch Unterstützung, um ein Gefühl für die richtigen Worte und Taten eines erfolgreichen Leaders zu bekommen. Daher gilt es nun, Struktur in Ihren Führungsstil zu bringen und Sie für Ihre Mitarbeiter nahbarer zu machen. Bauen Sie mittels der Methoden und Führungstechniken, die in diesem Buch detailliert für Praktiker beschrieben werden, Vertrauen auf und suchen Sie den Dialog mit Ihren Teammitgliedern. Springen Sie auch einmal über Ihren Schatten und wagen Sie Neues. Nur wenn Sie selbst tätig werden und aus Ihrer Komfortzone ausbrechen, werden Sie den Mehrwert des strukturierten Führens erkennen, der im Erfolg bei der Zielerreichung und der Leistungssteigerung Ihrer Organisationseinheit liegt.

21 bis 30 Punkte:

In einigen Situationen fällt es Ihnen leicht, fair und empathisch zu handeln, in anderen passiert es durchaus, dass Sie die falschen Worte wählen und Mitarbeitern damit vor den Kopf stoßen oder sie in ihren Erwartungen enttäuschen. Vielleicht lassen Sie zu oft „den Chef heraushängen"? Gesundes Selbstvertrauen und ein gewisses Maß an Autorität sind wichtig und unabdingbar für Führungskräfte. Jedoch müssen Sie sich ein wenig zurücknehmen und Ihren Mitarbeitern Gestaltungsspielräume belassen, innerhalb derer sie ihre Kreativität unter Beweis stellen können. Vielleicht trauen Sie sich aber auch nicht an die Führungsaufgaben heran, um niemanden im Team zu kränken? Hierzu sei gesagt, dass Sie es nicht jedem recht machen können. Als Führungskraft werden Sie zweifelsohne immer wieder anecken und Entscheidungen treffen müssen, die nicht alle Mitarbeiter froh stimmen. Egal, in welchem Muster Sie sich wiedererkennen, an einem führt Ihr Weg nicht vorbei: der Steigerung Ihrer Kommunikationsfähigkeiten. Führung vollzieht sich in Interkation und Kommunikation, weshalb es für Sie essenziell ist, ein Experte auf diesem Gebiet zu werden. Dieses Buch vermittelt Ihnen hierzu mit verschiedensten Methoden und Techniken das notwendige Handwerkszeug.

0 bis 20 Punkte:

In Sachen Führung können Sie noch so einiges dazulernen. Aktuell haben Sie große Schwierigkeiten, Ihr Team so zu führen, dass es Ihnen gelingt, den Fokus der Gruppe auf die Zielerreichung zu lenken. An Ihrem Team geht das nicht spurlos vorüber. Das Arbeitsklima sowie die Kommunikationskultur leiden und zu viele Reibungspunkte verringern Effizienz im Handeln als Organisationseinheit. Werden Sie Herr der Lage und eignen Sie sich die Führungsqualitäten, die für ein erfolgreiches Leadership unabdingbar sind, mithilfe der Methoden und Führungstechniken dieses Buches an. Werden Sie zum positiven Vorbild für Ihre Teammitglieder, indem Sie offen und transparent kommunizieren und die Mitarbeiter an der Weiterentwicklung des gesamten Teams teilhaben zu lassen. Verlassen Sie darum die alten, ausgetretenen Pfade und wenden Sie sich dem von gegenseitigem Vertrauen geprägten Leadership zu. Auf diese Weise werden Sie die Produktivität Ihrer Organisationseinheit sowie die Leistungsbereitschaft des Teams steigern und letztlich auch die Qualität des Outputs, an welcher Sie als Führungskraft gemessen werden, kontinuierlich verbessern.

Unabhängig von Ihrem persönlichen Ergebnis im Rahmen dieses kleinen Selbsttests gilt: Man lernt nie aus. Immer wieder lernen wir neue Perspektiven kennen, entdecken Neues und sind bestrebt, uns selbst weiterzuentwickeln. So werden Sie selbst als erfahrene, kompetente Führungskraft in diesem Buch auf einige neue Anregungen stoßen, die Ihnen den Führungsalltag erleichtern und Sie in Ihrer wichtigen Aufgabe unterstützen. Eignen Sie sich die theoretischen Führungsgrundlagen an und erfahren Sie durch zahlreiche Tipps und Übungen, wie Sie diese in der Praxis erfolgreich zur Anwendung bringen.

Personalverantwortung bedeutet Management

Die Position eines Leaders innezuhaben bedeutet, kompetent, flexibel, vermittelnd, ausgeglichen, offen, innovativ, entschlossen und willensstark zu sein. Diese und viele weitere Eigenschaften machen die Führungskraft für ihre Mitarbeiter zur unerschütterlichen Galionsfigur, die ihnen den Weg weist, Orientierung und Halt gibt und sie fördert. Sie sind Seelentröster, Motivator, fachliche Koryphäe, Entscheider und Organisator zugleich. Sie erkennen, wie vielfältig, komplex und anspruchsvoll das weite Tätigkeitsfeld der Führungskraft sein kann.

Als Manager Ihres eigenen Teams wenden Sie viel Zeit für die Planung und die Organisation der Teamentwicklung sowie den Dialog mit Ihren Mitarbeitern auf. Sie sind für den reibungslosen Ablauf der Prozesse innerhalb Ihrer Organisationseinheit verantwortlich und haben bei Auftreten von Schwierigkeiten entsprechend zu reagieren, um den Motor Ihres Teams wieder zum Laufen zu bringen. All die Bemühungen, um ein von Respekt, Motivation, Innovation und Vertrauen geprägtes Arbeitsumfeld zu schaffen, zahlen sich am Ende aus. Sie sind Führungskraft eines motivierten Teams, in welchem die Mitglieder aus eigenem Antrieb und eigenverantwortlich handeln und sie als Gruppe vorankommen wollen. Als Kopf Ihrer Crew werden Sie für all die Ergebnisse – ob positive oder negative – verantwortlich gemacht.

Erfolgreiches Führen ist ohne entsprechende Führungs-qualitäten nicht möglich. Denn ohne Führungsqualitäten bleibt auch der Erfolg in der Zielerreichung und der kontinuierlichen Fortentwicklung des Teams verwehrt. Es ist daher essenziell, dass Sie sich die Eigenschaften und Fähigkeiten eines Leaders, die Sie im vorangegan-genen Kapitel bereits kennengelernt haben, zu eigen machen. Darüber hinaus bedeutet Führen aber auch, weitere Aufgaben wahrzunehmen, die das Funktionieren des Teams überhaupt erst ermöglichen. Es geht dabei in erster Linie um die Beschaffung und Bereitstellung von Ressourcen, seien Sie finanzieller, personeller, ide-eller oder intellektueller Art. Sie schaffen demnach den Handlungsrahmen, innerhalb dessen Ihre Mitarbeiter das betriebliche Geschehen nach ihren jeweiligen Tätigkeits-schwerpunkten gestalten. Auch als Bindeglied zwischen den höheren Hierarchieebenen und Ihren Mitarbeitern sind Sie schwerpunktmäßig gefordert, indem Sie den Balanceakt zwischen den Interessen schaffen. Die Auf-gaben, die untrennbar mit der Position des Leaders verbunden sind und die Kompetenzen, die Sie hierfür benötigen, lernen Sie im Folgenden näher kennen.

Die Aufgaben der Führungskraft im Überblick

Wie bereits angedeutet, sind die Eigenschaften und Fähigkeiten einer Führungskraft von ihren Kompetenzen und Aufgaben zu unterscheiden, auch wenn sie sich häufig gegenseitig bedingen und sich oft komplementär zueinander verhalten. Während nämlich die zu Beginn des Buches vorgestellten Führungsqualitäten charakterliche Züge und die grundsätzliche Mentalität und Überzeugung der Führungskraft beschreiben, geht es bei den Aufgaben der Führungskraft um funktionelle Tätigkeiten und Prozesse. Um diese auszuüben, bedienen Sie sich wiederum geeigneter Werkzeuge und verschiedener Medien. Verschiedene Aufgaben können teils mit ein und demselben Instrument wahrgenommen werden, bei anderen kommen Sie gänzlich ohne bestimmte Werkzeuge aus. Sie geschehen im Affekt und laufen „nebenbei", ohne sie bewusst wahrzunehmen. Was sich zunächst abstrakt anhört, wird in der Führungspraxis Tag für Tag aktiv gelebt. In der Position des Vorgesetzten sind Sie – und ausschließlich Sie selbst – für folgende Aufgaben verantwortlich:

- **Ziele formulieren und eine Vision vermitteln**
  Von oberster Priorität ist es für Sie als Leader, Ihren Mitarbeitern Perspektiven zu bieten und ihnen den Sinn Ihres Handelns aufzuzeigen. Nur wer weiß, wofür er Energie und Lebenszeit investiert, der wird auf Dauer Bereitschaft zu eigenverantwortlichem Arbeiten zeigen und mit Motivation Leistung erbringen. Im Grunde besteht Ihre Aufgabe darin, den Teammitgliedern plastisch vor Augen zu führen, welchen Beitrag sie im Kleinen zum großen Ganzen leisten und was unter diesem „großen Ganzen" zu verstehen ist. Es geht darum, komplexe Sachverhalte verständlich und

nachvollziehbar zu kommunizieren. Indem Sie Ziele für das Team formulieren, die sich mit Ihrer Vision decken bzw. sich direkt ergeben, wird die Unternehmensstrategie und ihre Relation zum eigenen Handeln auf Sachbearbeiter-Ebene greifbarer. Sie bieten damit der Orientierung. Indem Sie Prozesse und Arbeitsabläufe zu sinnstiftenden Tätigkeiten verwandeln, gelingt es Ihnen, zu motivieren und das Identifikations-Level Ihrer Mitarbeiter zu steigern.

Werkzeuge: Zielvereinbarungen, Teambesprechungen, Feedback geben, Überzeugen, stichprobenartige Kontrolle der Leistungen zur Messung des Erfolgs

- **Organisation des Teams, Aufgabenverteilung und Prozessgestaltung**
  Direkt aus der Formulierung klarer Ziele ergibt sich weiter die Organisation des Teams und der Abläufe, die darin tagtäglich geschehen. Sie bestimmen letztlich, welche Aufgaben wann durch wen und weshalb erledigt werden. Es macht durchaus Sinn auch die Art und Weise der Aufgabenerledigung zu beeinflussen, hier sollten Sie aber Ihren Mitarbeitern eigene Gestaltungsspielräume belassen, um Kreativität und die Bereitschaft zu eigenverantwortlichem Handeln zu fördern. Zumindest sollte jedoch der Rahmen der Prozesse durch Sie vorbestimmt sein. Letztlich müssen die Prozesse und Abläufe zur Zielerreichung beitragen und zwar in dem Maße, dass sie in der vorgegebenen Zeit auch tatsächlich erreicht werden können. Hier spielt die richtige Zusammensetzung des Teams und eine sinnvolle Aufgabenzuweisung eine große Rolle. Voraussetzung dafür bildet die Kenntnis der Stärken und Schwächen eines jeden einzelnen Teammitglieds, sowohl fachlicher als auch sozialer Art. In Ihrem Team benötigen Sie Macher, die mit ihrer Hands-on-Mentalität Fortschritte erarbeiten,

Experten, die die notwendige Erfahrung und das Wissen mitbringen sowie Teamplayer, die sich besonders durch ihren Beitrag zur Teamentwicklung und den Zusammenhalt auszeichnen. Ein und derselbe Mitarbeiter kann mehrere dieser Charaktere in unterschiedlicher Ausprägung besitzen. Es liegt an Ihnen, dies zu erkennen und den größten Mehrwert aus vorhandenem Potenzial zu ziehen.

Werkzeuge: Coaching und Teamentwicklung, Prozessoptimierung, Personalauswahl, Gestaltung der Arbeitsumgebung, Teambesprechungen und Brainstorming sowie Delegieren

- **Entscheidungen treffen – und an richtigen Entschlüssen festhalten**
  In der Natur der Position eines Leaders liegt es, Entscheidungen zu treffen. Das fällt nicht immer leicht, denn Entscheidungen bergen häufig Risiken, die wir vielleicht vorher nicht erwogen haben. Ist es dann besser, die Entscheidung zu vertagen oder ganz darauf zu verzichten? Sicherlich können Sie sich diese Frage selbst beantworten, denn jede Form von Entschluss bringt das Team ein Stück näher an das vorab gesteckte Ziel, egal wie klein oder groß der Beitrag Ihrer Entscheidung hierzu ausfallen mag. Ganz wesentlich ist für Entscheider eine solide Informationsbasis. Sie müssen nicht alles wissen und jeden komplexen Sachverhalt kennen. Dennoch ist es wichtig, dass Sie über die Tragweite und die Konsequenzen Ihrer Entscheidung Bescheid wissen. Hierzu müssen Sie sich von Ihren Mitarbeitern entsprechend grundlegend informieren lassen. Perfektionismus kann die Entscheidungsfreude häufig behindern. Entscheiden Sie durchaus pragmatisch und gestehen Sie sich ein, dass Ihr Entschluss auch Fehlerpotenzial birgt. Sehen Sie Fehler aber nicht als Rückschlag, sondern

vielmehr als wichtige Erfahrung auf dem Weg zu Ihren Zielen. Sie werden denselben Fehler kein zweites Mal begehen. Hemmend wirkt sich auch die Mentalität absoluter Absicherung und Vergewisserung aus. Sicher können Sie durch Hinzuziehung verschiedener Experten und durch die Entschlussfassung durch Gremien das Risiko von Fehlern vermindern, doch verzögern sie auch den Prozess. Dies dürfte sich letztlich auch negativ auf die Motivation Ihrer Mitarbeiter auswirken. Haben Sie also Mut und gehen Sie anstehende Entscheidungen selbstbewusst an. Holen Sie nur so viele Informationen ein, wie die Entscheidung es erfordert, um eine Argumentationsgrundlage für Ihre Entscheidung zu schaffen und diese im Zweifelsfall zu verteidigen. Manchmal erscheint es schwer, äußerem Druck und Kritik an der Entscheidung standzuhalten. Revidieren Sie Ihre Entschlüsse nicht allzu rasch, sondern stehen Sie dazu, solange sich keine Konsequenzen negativer Art daraus ergeben.

Werkzeuge: Bericht, Brainstorming und Partizipation

- **Kontrollinstanz Führungskraft**
  Der Begriff „Kontrolle" ist häufig negativ besetzt. Implizit schwingt dabei ein Mangel an Vertrauen und daraus resultierende Sanktionen mit. Doch gerade im Führungsalltag ist Kontrolle unerlässlich. Gemeint ist in diesem Kontext jedoch nicht die dauerhafte Überwachung der Mitarbeiter und ihrer Tätigkeiten oder gar ihre heimliche Bespitzelung durch den Vorgesetzten. Vielmehr geht es um die Feststellung, ob sich die Bemühungen der Mitarbeiter mit den vorab festgelegten Zielen decken. Voraussetzung hierfür ist, dass Sie klare Vorgaben und Ziele formuliert und kommuniziert haben und die Teammitglieder die jeweilige Erwartungshaltung kennen. Wenn Fortschritte und Ergebnisse nicht kontrolliert werden, ist zum einen

das Risiko hoch, die Ziele zu verfehlen, zum anderen aber erhalten die Mitarbeiter keinerlei Rückmeldung zu ihren erbrachten Leistungen. Bemerken sie, dass keine Kontrolle durch die Führungskraft stattfindet, wirkt sich dies auf die Leistungsbereitschaft aus, denn es erweckt den Anschein, als würde auch Minderleistung geduldet. Kontrolle sichert damit also auch langfristig die Produktivität. Darüber hinaus kann Kontrolle bei entsprechendem Feedback durch Sie auch motivierend wirken. Sprechen Sie lobende Worte gegenüber dem jeweiligen Teammitglied aus und zeigen Sie damit Ihre Wertschätzung. Das Instrument der Kontrolle kann seine Wirkung damit nur in Verbindung mit entsprechender Rückmeldung entfalten. Welches Maß an Kontrolle angebracht ist, bleibt Ihrer Intuition überlassen. Die Leistungen neuer Mitarbeiter sollten tendenziell häufiger stichprobenartig hinsichtlich ihrer Effektivität geprüft werden. Stellen Sie fest, dass die Ergebnisse durchweg positiv ausfallen, können Sie die Stichprobenkontrollen nach und nach zurückfahren, jedoch nicht gänzlich entfallen lassen. Bei lang gedienten, erfahrenen Mitarbeitern sollte in jedem Falle eine Ergebniskontrolle durch Sie stattfinden. Wichtig ist dabei, dass Sie Feedback nicht „zwischen Tür und Angel" geben, sondern sich hierfür einige Minuten Zeit nehmen.

Werkzeuge: Bericht, Feedback geben, konstruktive Kritik äußern, Mitarbeitergespräch und Mitarbeiterbeurteilung

Kompetenzen einer Führungskraft und wie man sie gewinnt

Neben der charakterlichen Eigenschaften bzw. der Führungsmentalität sowie den Aufgaben einer Führungskraft werden auch bestimmte Kompetenzen von einem Leader verlangt. Es handelt sich dabei um die Fach-, Führungs-, soziale und methodische Kompetenz. Diese bilden – ebenso wie die Führungsqualitäten – die Grundlage für erfolgreiches Leadership. Sie beschreiben die Fähigkeiten und Fertigkeiten, die eine Führungskraft besitzen sollte, um im Führungsalltag bestehen zu können. Dabei geht es bei den Kompetenzen stets um ein Zusammenspiel aus Wissen, Können und Wollen. Wer über theoretische Kenntnisse und einen fachpraktischen Erfahrungsschatz verfügt, wer dieses erworbene Wissen in verschiedenen Sachlagen gekonnt anzuwenden vermag und wer letztlich auch motiviert ist, dies zu tun, der ist fähig – und der ist folglich auch kompetent.

Fachkompetenz: Wissen als Machtfaktor?

Als Führungskraft sind Sie Vorbild und Galionsfigur für Ihre Mitarbeiter. Sie orientieren sich im günstigsten Fall an Ihren Werten, Visionen und Zielen. Doch gilt dies auch für Fachwissen? Muss der Teamleader über vertiefte Spezialkenntnisse in allen Bereichen verfügen und in Fachfragen stets eine zutreffende Antwort parat haben? Die Antwort lautet: Jein. Die notwendige Fachkompetenz hängt ganz wesentlich von der Reife und dem eigenverantwortlichen Handeln der einzelnen Teammitglieder ab. Mitarbeiter, die es gewohnt sind, nur zuzuarbeiten und selbst über kaum Gestaltungsspielraum in ihrem Tätigkeitsfeld verfügen, werden – im Falle der Abweichung von der Norm – sehr häufig auf Ihre Hilfe angewiesen sein, da Sie ihnen die Entscheidung und den Lösungsweg abnehmen. Mag sein, dass auf diese Weise das Fehlerpotenzial auf ein Minimum reduziert werden kann, da Sie über entsprechendes Wissen verfügen, um Problemstellungen anzugehen. Auch werden Sie für Ihr Team damit zum unverzichtbaren Bestandteil des Teams, dem sie blind folgen und vertrauen müssen, da sie anderweitig nicht im Stande sind, Probleme selbst zu lösen. Auf Dauer werden Sie dabei jedoch zu sehr mit Fragen Ihrer Mitarbeiter konfrontiert, was Zeit und Energie für Ihre eigentlichen Führungsaufgaben raubt. Es gilt für Sie daher, die Mitarbeiter zur Eigenständigkeit zu erziehen, ihnen Verantwortung zu übertragen und für die notwendigen Kenntnisse und Qualifikationen zur allumfassenden Bearbeitung ihres jeweiligen Tätigkeitsfeldes zu sorgen. Lassen Sie Ihre Mitarbeiter ruhig ihre eigenen Erfahrungen machen und lassen Sie auch Fehler zu, denn nur aus diesen ziehen die Teammitglieder Konsequenzen für sich und ihr Handeln – sie lernen daraus. Achten Sie darauf, dass ein und derselbe Fehler aber nicht wiederholt auftritt, denn die Korrektur bindet Ressourcen, die für die Zielerreichung vorgesehen sind. Durch eigenverantwortliches Handeln reifen die Mitarbeiter zu Spezialisten heran, die Sie unterstützen.

Im Umkehrschluss bedeutet es jedoch nicht, dass Sie als Führungskraft nur über Basiswissen für Ihren Bereich verfügen müssen. Vielmehr sollten Sie sich breit aufstellen und die Prozesse und Entscheidungen, die in Ihrer Organisationseinheit fallen, nachvollziehen können, um bei der Suche nach Lösungen für Schwierigkeiten behilflich zu sein.

Grundsätzlich gilt also: Je höher der Reifegrad Ihrer Mitarbeiter und je eigenständiger das Team arbeitet, desto weniger vertiefte Fachkenntnisse sind Ihrerseits erforderlich, um die Funktionsfähigkeit Ihrer Organisationseinheit gewährleisten zu können. Zudem hängt das Maß der notwendigen Fachkompetenz der Führungskraft von ihrer Positionierung im Hierarchiegefüge ab. Je höher die Führungskraft positioniert ist, desto mehr sind Managementfähigkeiten sowie unternehmerisches und strategisches Denken gefragt, desto weniger kommt es auf fachspezifische Kenntnisse an. Für Sie bedeutet das: mehr Verantwortung und Spielräume auf Mitarbeiter übertragen und damit für sich selbst Raum schaffen – Raum für Führungsaufgaben und Raum für die Weiterentwicklung Ihrer Sozialkompetenz.

Methodenkompetenz: Lebenslanges Lernen

Die Methodenkompetenz meint allgemein das Handwerkszeug, das benötigt wird, um als Führungskraft strukturiert und zielgerichtet arbeiten und verwalten zu können. Dabei bildet sie die Grundlage für Fachkompetenz, denn sie umfasst auch die Aneignung von Wissen und die Auffassungsgabe. Es geht also darum, Mittel und Wege zu finden, um das Team und die Prozesse optimal zu organisieren, Informationen zu beschaffen und zu analysieren, kreativ zu sein, abstrakt und vernetzt denken zu können, um komplexe Sachverhalte ganzheitlich zu erfassen, Probleme zu lösen, zu präsentieren und um zu bewerten, wann der richtige Zeitpunkt für eine bestimmte Reaktion gekommen scheint. Hierfür ist oft Selbstmanagement gefragt. Im Wege der Selbstreflexion sollten Sie Aufgabenumfang und -dauer einschätzen können, sowie für sich Ziele und Prioritäten setzen, um reibungsloses Arbeiten zu ermöglichen.

Was auf den ersten Blick kompliziert und umfangreich klingt, ist in Wahrheit ein intuitiver Prozess des

Problemlösens. Das menschliche Gehirn ist darauf programmiert, Methoden und Wege zu finden, um Lösungsoptionen zu generieren. Erfolg und Misserfolg führen schlussendlich zu Erfahrung, die ein Leben lang bleibt. „Man lernt nie aus", lautet ein allseits bekannter Spruch, der sich in diesem Falle tatsächlich bewahrheitet. Am Ende eignen Sie sich nicht, wie etwa bei der Fachkompetenz vorausgesetzt, Faktenwissen an, sondern lernen vielmehr Situationen mit verschiedenen probaten Mitteln anzugehen und Herausforderungen anzunehmen: ob der Umgang mit neuen Medien, die Rhetorik bei der Vermittlung Ihrer Vision und Ihrer Ziele oder das Delegieren von Aufgaben. Als Führungskraft sind Sie eingeladen, sich selbst und Ihre Wirkung auf andere zu erproben. Dabei rückt die Methodenkompetenz mehr und mehr in den Fokus der modernen Führungsarbeit. Bereits aktuell ist sie wichtiger denn je und unverzichtbar, wenn es darum geht, sein Team für die gemeinsame Sache begeistern und zu Leistungsbereitschaft motivieren zu wollen.

Das gezielte Aufbauen von Methodenkompetenz erscheint zunächst schwer möglich, da Sie diese im Rahmen der Nutzung anderer Fähigkeiten fortlaufend schulen. Dennoch können Sie auch aktiv etwas tun, um Ihre methodischen Kompetenzen zu verbessern. Die Basis hierfür bildet die sogenannte Hands-on-Mentalität. Sie müssen Ihre Komfortzone verlassen und bereit sein, neue Wege zu beschreiten, um den Bewährungstest an sich selbst durchzuführen. Dabei ist Zielstrebigkeit und Durchsetzungskraft gefordert. Krempeln Sie die Ärmel hoch und legen Sie Hand an. Ein gewisses Maß an Risikobereitschaft stellt die Voraussetzung dar, um Veränderungen herbeizuführen.

Menschen, die sich häufig neue Fähigkeiten aneignen, lernen wie von selbst, auf welche Weise sie Erfolg haben und wo die Ursachen für potenzielle Misserfolge liegen. Es gilt daher für Sie als Führungskraft, aktiv zu bleiben und nicht immer den Weg des geringsten Widerstands zu gehen. Jede Hürde, die Sie nehmen, lässt Sie weiter wachsen und steigert damit Ihre Methodenkompetenz. Im Laufe dieses Kapitels werden Sie noch einige erfolgversprechende Methoden zur Nutzung Ihrer Führungsqualitäten und der Ausübung Ihrer Führungsaufgaben kennenlernen.

Sozialkompetenz: Kommunikation ist alles

Die sozialen Kompetenzen bezeichnen die Fähigkeiten und Fertigkeiten einer Person, die im Rahmen der Interaktion und Kommunikation genutzt werden können. Sie wird dabei auch mit emotionaler Intelligenz gleichgesetzt. Zwar vollzieht sich auch die Sozialkompetenz ebenfalls im Handeln, jedoch stellt sie im Unterschied zur methodischen Kompetenz ausschließlich auf die zwischenmenschliche Beziehung zwischen Führungskraft und Mitarbeiter ab. Es geht also darum, das Miteinander erfolgreich zu gestalten, Vertrauen zu bilden und Probleme im Beziehungsgeflecht frühzeitig zu erkennen und einer Lösung erfolgreich zuzuführen. Voraussetzung für eine ausgeprägte Sozialkompetenz bilden Empathie, Selbstreflexion und Menschenkenntnis.

Die Macht und den Einfluss sozialer Kompetenzen eines Leaders auf die Teamentwicklung gilt es nicht zu unterschätzen. Denn durch sie gelingt es der Führungskraft, die Mitarbeiter für die Vision zu begeistern und gemeinsam getragene Wertvorstellungen zu entwickeln. Dies wiederum bildet die Grundlage für Motivation und ein angenehmes Arbeitsumfeld, sodass sich letztlich die Leistungsbereitschaft der Mitarbeiter und damit der messbare Output langfristig steigern lassen.

Sich in andere hineinversetzen und Dinge aus einem anderen Blickwinkel betrachten zu können, verlangt Offenheit und die Bereitschaft zum gemeinsamen Diskurs. Hierzu ist es notwendig, sich selbst und die Motive des eigenen Verhaltens aktiv zu hinterfragen. Menschenkenntnis zeigt sich vor allem in der richtigen Einordnung von Körpersprache, Mimik und Gestik. Sozialkompetente Personen erkennen, ob jemand erfreut, traurig, frustriert, wütend oder entspannt ist. Die Sozialkompetenz zeigt sich einerseits in positiven Situationen, wenn Ziele und Meilensteine erreicht wurden, und der Teamleader lobende Worte für seine Mitarbeiter findet. Besonders zeigt sie sich jedoch in schwierigen Situationen, wenn sich Konflikte zwischen Mitarbeitern oder mit der Führungskraft anbahnen, wenn diese für ihr Verhalten kritisiert wird, wenn hingegen Kritik an Mitarbeitern ausgesprochen werden muss oder es zu besonders belastenden Situationen für das einzelne Teammitglied oder das Team als Ganzes kommt. Hier muss die Führungskraft Standhaftigkeit, Stärke und Fingerspitzengefühl walten lassen. Es kommt darauf an, bestimmte emotional aufgeladene Sachlagen richtig einordnen zu können und jeweils flexibel eine individuell zugeschnittene, adäquate Lösung herbeizuführen, oder aber zumindest das eigene Handeln darauf auszurichten.

Auch die Sozialkompetenz lässt sich fördern. Hierzu müssen Sie zunächst sich selbst und Ihre Eigenheiten kennenlernen. Es geht darum, sich in jeder Situation selbst bewusst zu machen, wie Ihr eigenes Handeln auf Ihre Umwelt wirkt. Selbstbeobachtung lautet hier der Schlüssel zur Selbsterkenntnis. Sie haben die Angewohnheit, bei Gesprächen schnell abzuschalten und wirken rasch desinteressiert auf Ihr Gegenüber? Sie sind nach einer Auseinandersetzung mit einem Mitarbeiter emotional aufgeladen? Nach einer Besprechung treten Missverständnisse auf, die zu Fehlern führen? Üben Sie ruhig Selbstkritik, ziehen Sie sich aber nicht als Person in Zweifel. Je genauer Sie sich und Ihre Verhalten beobachten, umso mehr lernen Sie dazu und werden ihr Handeln zunehmend bewusster steuern.

Bedenken Sie darüber hinaus, dass in der Kommunikation das gesprochene Wort nur einen geringen Anteil an der Vermittlung der Botschaft trägt. Der weit überwiegende Teil gestaltet sich über Lautstärke, Tonfall, Mimik und Körpersprache, welche Ihr Gesprächspartner deutet und seine Schlüsse aus dem „Gesamtpaket" zieht. Dies veranlasst Sie, nicht nur darauf zu achten, was Sie sagen, sondern vor allem wie Sie es sagen. Wort und Körpersprache sollten also zueinander passen, um Botschaften erfolgreich zu kommunizieren. Dies gelingt, indem Sie Ihr Verhalten bewusst wahrnehmen und Selbstkritik daran üben. In den folgenden Kapiteln erfahren Sie mehr über die optimale Gesprächsführung und Kommunikationsmodelle.

Führungskompetenz: Der fähige Leader

Während die vorgenannten drei Kompetenzdimensionen grundsätzlich von allen Mitgliedern einer Organisation (in unterschiedlicher Ausprägung) verlangt werden, kommt für Leader eine weitere Kompetenzart hinzu: die Führungskompetenz. Sie setzt sich aus verschiedenen Komponenten der Fach-, Methoden- und Sozialkompetenz zusammen, die spezifisch die Führung von Mitarbeitern betreffen. Die Führungskompetenzen verlangen die optimale Kombination von Hard- und Softskills eines Leaders. Einerseits sind Sie nämlich dafür verantwortlich, Vorgaben und Ziele der Unternehmensführung zu realisieren, die hierfür notwendigen Management-Tools zu beherrschen und Strategien zu erarbeiten. Andererseits geht es darum, Vorbild für Ihre Mitarbeiter zu sein, in Vertrauen zu führen, ihre Fähigkeiten zu stärken und sie in ihrer Eigenverantwortlichkeit zu fördern. Letztlich meint Führungskompetenz den Spagat zwischen der Wahrung von Mitarbeiterinteressen und den Zielen höherer Hierarchieebenen zu schaffen, was nicht immer vollkommen konfliktfrei funktionieren wird. Hier kommt es also auf Ihre besondere Gabe an, verschiedene Erwartungen gleichsam zu erfüllen und intelligente Kompromisse einzugehen. Sie müssen das Handeln einzelner Mitarbeiter sowie des gesamten Teams auf die Verwirklichung Ihrer Ziele, die sich aus der Unternehmensstrategie ergeben, ausrichten und zwar nicht durch Zwang, sondern indem Sie Ihre Mitarbeiter für diese begeistern und sie aus freien Stücken am Erfolg teilhaben wollen.

Zu den Führungskompetenzen zählen unter anderem das Entscheiden und Durchsetzen, das Vorbildsein im täglichen Arbeiten, in der Interaktion mit Kollegen, Kunden oder Vorgesetzten, das vorausschauende Delegieren von Aufgaben, um die Lernfähigkeit der Mitarbeiter zu fördern, ergebnisorientiert zu handeln, um den Fokus auf die Zielerreichung nicht zu verlieren sowie die Teamentwicklung immer weiter vorantreiben. Die Führungskompetenzen zeigen sich vor allem bei Veränderungsprozessen. Umstrukturierungen, neue Aufgaben und Tätigkeitsfelder sowie eine Neuausrichtung der Organisationseinheit werden von Ihren Mitarbeitern zunächst hinterfragt, wenn nicht sogar mit Skepsis bis hin zu Argwohn betrachtet. Es liegt daher an Ihnen, die Veränderung so zu gestalten, dass Sie von Ihren Mitarbeitern zunächst akzeptiert und schließlich auch durch sie mit Leben gefüllt wird. Sie müssen also den Prozess planen und zwar nicht nur aus strategischer und unternehmerischer Sicht, was sicherlich wichtig ist, sondern zudem auf der Beziehungsebene. Stellen Sie sich die Frage, welche Informationen Ihre Mitarbeiter benötigen und wie Sie sie am besten in den Veränderungsprozess einbeziehen können. Teilhabe erhöht die Akzeptanz ungemein und motiviert die Mitarbeiter, aktiv an der Realisierung der Veränderung mitzuwirken. Selbstverständlich müssen Sie dabei die Fäden in der Hand behalten und den Prozess steuern, doch lassen Sie stets Gestaltungsspielräume zu und definieren Sie das Ergebnis des Veränderungsprozesses nicht schon vorab im Detail. Auf diese Weise steigern Sie auch die Lernfähigkeit Ihrer Teammitglieder, da diese sich mit Neuem, bislang Unbekanntem auseinandersetzen. Außerdem werden die Teamfähigkeit und die Bereitschaft, Verantwortung zu übernehmen, gesteigert.

Gelingt es Ihnen, die Mitarbeiter derart in die Prozessgestaltung einzubinden, werden diese motiviert und bereit sein, selbst Ideen einzubringen, serviceorientiert zu denken und gute Leistungen abzuliefern. Sie wollen sich selbst beweisen, dass sich ihr Engagement auszahlt und die neuen Abläufe reibungslos und sogar besser funktionieren als zuvor.

Natürlich können Sie auch Ihre Führungskompetenz trainieren. Hierzu ist es, wie auch schon bei der Sozialkompetenz, wichtig, seine eigene Wirkung auf andere im Rahmen der Selbstreflexion und bewusster Wahrnehmung zu kennen. Zusätzlich gehört das Selbstmanagement zu den Voraussetzungen für Führungserfolg. Planen Sie Ihren Alltag als Führungskraft so, dass Ihnen mindestens die Hälfte der Zeit für unvorhergesehene Angelegenheiten bleiben. Wenn Sie am Morgen das Büro betreten, können Sie unmöglich wissen, was am Ende des Arbeitstages geschehen ist. Deshalb sollten Sie für Ihre Führungsaufgaben und für die fachlichen Probleme Ihrer Mitarbeiter genügend Raum schaffen. Darüber hinaus ist es wichtig, dass sich Ihr Verhalten und die von Ihnen kommunizierten Werte kongruent zueinander verhalten. Ihre Mitarbeiter beobachten Sie genau und erkennen daher leicht, wann Sie etwas ehrlich meinen, da sie Ihre tiefsten Überzeugungen kennen sollten. Als Vorgesetzter sind Sie in erster Linie Impulsgeber. Setzen Sie immer wieder neue Denkanstöße für kleinere Optimierungen und leiten Sie den Wandel im Kleinen ein, lassen Sie Ihre Mitarbeiter dabei aber den Prozess gestalten. Schaffen Sie als Vorgesetzter auch Anreizsysteme, um Ihre Teammitglieder zu motivieren. Lob und Kritik gehören ohnehin zu den wichtigsten Führungsaufgaben, um den Mitarbeitern Feedback über ihre Leistung zu geben. Verschaffen Sie sich Informationen und geben Sie Informationen an Ihr Team im Rahmen von Einzel- und Teamgesprächen weiter. So bleiben Sie selbst auf dem Laufenden, erlangen neue Erkenntnisse über Fortschritte oder mögliche Problempunkte und entwickeln neue Ideen. Betrachten Sie Ihre Organisationseinheit dabei immer wieder ganzheitlich und bewerten Sie die Gesamtlage. Was fällt Ihnen positiv oder negativ auf? Benennen Sie die jeweiligen Punkte und suchen Sie die Ursachen, um die Basis für weitere Veränderungen zu schaffen.

Erfolgreiches Personalmanagement: Planung, Organisation und Entwicklung Ihres Teams

Als Teamleader sind Sie vor allem dafür verantwortlich, Ihr Personal zu managen. Sie haben dafür zu sorgen, dass für die Bewältigung der vielfältigen Aufgaben, die Ihrer Organisationseinheit zugeordnet sind, Personal in genügender Anzahl (quantitative Komponente) sowie mit den hierfür notwendigen Qualifikationen, Kenntnissen und Fähigkeiten (qualitative Komponente) zum richtigen Zeitpunkt zur Verfügung steht. Haben Sie dabei immer die operativen Ziele der Unternehmensführung vor Augen. Sie sollten sich bei der Organisation Ihres Teams daran zu orientieren, da Sie letztlich als Führungskraft am Zielerreichungsgrad gemessen werden. Optimale Ressourcenbeschaffung und -planung und dabei die Ziele und künftige Anforderungen im Blick zu behalten, gestaltet sich als komplexe Managementaufgabe, die jedoch angesichts ihrer Bedeutung für den Erfolg Ihres Teams zur Erfüllung der zugeteilten Aufgaben besonderes Augenmerk verdient.

Führen durch Ziele

Als Führungskraft sind Sie immer wieder Spannungen ausgesetzt. Besonders zeigen sich diese in der Vermittlung von Werten und Zielen, welche von der Unternehmensführung in Form einer Strategie, eines Leitbildes und übergeordneten Unternehmenszielen maßgeblich beeinflusst werden. Für Sie gilt es, Mitarbeiter von den Zielen zu überzeugen, damit sie diese nicht nur akzeptieren, sondern sie verinnerlichen und als ihre eigenen Zielvorstellungen übernehmen. Dies gelingt Ihnen im Rahmen des Führens durch Ziele – auch Management by Objectives genannt. Idealerweise sollen Ihre Mitarbeiter sich so verhalten und handeln, dass sie die Erreichung der Unternehmensziele fördern. Ihre Aufgabe besteht im Operationalisierungsprozess, der abstrakte Unternehmens- in konkrete, greifbare und nachvollziehbare Teamziele umwandelt, welche klar kommuniziert werden müssen. Ausgehend von diesen muss nun für jedes einzelne Teammitglied eine weitere Konkretisierung stattfinden, ein Zuschnitt auf den individuellen Tätigkeitsbereich. Hierbei helfen Ihnen Zielvereinbarungen, die sie gemeinschaftlich im Gespräch treffen. Das partizipative Element sichert dabei die Akzeptanz und steigert die Motivation des Mitarbeiters, denn es sind seine Ziele, die er selbst mitbestimmt hat.

Sie enthalten vereinbarte Leistungsergebnisse innerhalb einer bestimmten Periode, die meist ein Jahr beträgt. Dabei müssen die Ziele SMART formuliert sein, was Sie bereits aus Kapitel 3.2 kennen. Was soll bis wann geschehen? Wer trägt die Verantwortung? Welche Ressourcen und Informationen werden hierfür benötigt? Wie kann die Zielerreichung gemessen werden? All diese Fragen lassen sich in der Zielvereinbarung abbilden. Dabei ist wichtig zu wissen, dass Ziele keinen Prozess, sondern einen Zustand bestimmen. Der Weg der Zielerreichung sollte daher bewusst offen gehalten werden, um dem Mitarbeiter Gestaltungsspielräume zu belassen, innerhalb derer er selbst kreativ werden kann. Bedenken Sie bereits vorab mögliche Zielkonflikte und vermeiden Sie diese. Priorität besitzt die Harmonie mit den Teamzielen.

Durch die konkrete, verbindliche Formulierung werden Leistungsanforderungen an den Mitarbeiter klar und die Erwartungshaltung deutlich kommuniziert. Letztlich verbessern Zielvereinbarungen die Kommunikation zwischen Führungskraft und Mitarbeiter und tragen aktiv zur Realisierung übergeordneter Ziele bei.

Zielvereinbarungen werden im Rahmen von Zielvereinbarungsgesprächen, einer Form des Mitarbeitergesprächs, festgelegt. Es kommt darauf an, seine eigenen Erwartungshaltungen an den jeweiligen Mitarbeiter klar und offen zu formulieren und auf Worthülsen und Verklausulierungen zu verzichten. Sie irritieren nur und der Mitarbeiter muss zwischen den Zeilen lesen, was Interpretationsspielräume verursacht. Daher müssen Sie sich auf das Zielvereinbarungsgespräch gut vorbereiten und auch Kritik äußern können. Hier kommt es ganz wesentlich auf Ihre Beobachtungsgabe an. Bewerten Sie nicht nur den Zielerreichungsgrad, sondern blicken Sie auf die berufliche wie private Gesamtsituation des Mitarbeiters. Vermitteln Sie Ihre Einschätzung klar und unmissverständlich. Das Zielvereinbarungsgespräch soll nicht ausschließlich Mittel zur Kontrolle sein, sondern vielmehr auch der Unterstützung des Mitarbeiters dienen. Fragen Sie ihn etwa nach notwendigen Ressourcen und Qualifikationen, die es ihm erleichtern würden, die gesteckten Ziele zu erreichen und bieten Sie ihm auch entsprechende Perspektiven. Zur konkreten Durchführung des Zielvereinbarungsgesprächs und der Interaktion zwischen Führungskraft und Geführtem lesen Sie mehr im Kapitel über Mitarbeitergespräche.

Es kommt ganz wesentlich auf die Regelmäßigkeit der Zielvereinbarungsgespräche an. Mindestens einmal pro Jahr sollte dies stattfinden. In der Zwischenzeit können auch durchaus ein oder mehrere Meilensteingespräche durchgeführt werden, um einen Eindruck vom Fortschritt des Mitarbeiters zu erhalten. Informieren Sie Ihren Mitarbeiter mindestens zwei, am besten drei Wochen vorab über das Zielvereinbarungsgespräch, sodass diesem genügend Zeit zur eigenen Vorbereitung bleibt.

Praxistipp: Zielbeziehungen

Ziele können in unterschiedlicher Weise zueinander in Beziehung stehen. Das gilt auch für übergeordnete Ziele des Unternehmens im Abgleich mit den Zielen einer Zielvereinbarung. Es gilt daher, stets zu untersuchen, inwiefern sie zueinander stehen, um Zielkonflikte zu vermeiden.

Folgende Zielbeziehungen werden unterschieden:

- *Komplementäre Ziele: Das Ziel A fördert die Erreichung des Ziels B*

- *Indifferente Ziele: Das Ziel A beeinflusst Ziel B in keiner Weise*

- *Konkurrierende Ziele: Das Ziel A ist hinderlich für die Erreichung des Ziels B*

Im Falle konkurrierender Ziele ergibt sich ein Zielkonflikt. Idealerweise ergeben sich die Ziele einer Zielvereinbarung aus den übergeordneten Zielen des Unternehmens, die auf Teamebene konkretisiert wurden, sodass diese sich immer komplementär zueinander verhalten.

Der Zielbildungsprozess im Rahmen des Zielvereinbarungsgesprächs ist stets von Kompromissen und dem Abwägen von unterschiedlichen Interessen geprägt. Zwischen Bedürfnissen und Interessen des Individuums und jenen der Organisation ergeben sich Spannungen, die es auf Ebene der Zielvereinbarungen zu lösen oder so umzuwandeln gilt, dass sie für beide Seiten tragbar und akzeptabel sind. Ihre Aufgabe ist es, für eine gesunde Balance zu sorgen. Während der einzelne Mitarbeiter grundsätzlich nach Selbstbestimmung, Freiheit und Individualität strebt, zielt die Organisation auf Fremdbestimmung, Unterordnung und Anpassung ab. Um jedoch die höheren Ziele des Unternehmens erreichen zu können, unterdrückt der Einzelne einen Teil seiner Interessen, insbesondere seiner Individualität. Hierzu wird er jedoch nur bereit sein, wenn er den Mehrwert als Gegenleistung für das teilweise Abrücken seiner Interessen erkennt. Als Führungskraft ist es hier Ihre Aufgabe, ihm aufzuzeigen, weshalb es sich für ihn lohnt, sich anzupassen. Dabei kommt es ganz auf die Werte Ihres Mitarbeiters an. Das Zielvereinbarungsgespräch soll jedoch nicht zu einem Verhandlungsgespräch ausarten, sondern vielmehr in offener und lockerer Atmosphäre den Austausch über bereits erbrachte und künftig zu leistende Arbeit Ihrer Teammitglieder fördern.

Personalplanung

Die Personalplanung ist essenziell, um für einen Zeitpunkt, der in der Zukunft liegt, zu bestimmen, wie viele Mitarbeiter mit welchen Qualifikationen benötigt werden, um Aufgaben zu erfüllen. Wichtigstes Element der Personalplanung bildet die Personalbedarfsplanung. Als Grundlagen können Sie etwa Stellenbeschreibungen, Stellenbewertungen sowie Personalstatistiken heranziehen, aus welchen Sie wichtige Informationen zu Anforderungen, erforderlichen Qualifikationen und Kompetenzen sowie zu Tätigkeitsfeldern filtern. Diese geben Hinweise auf künftig zu beschaffendes Personal in quantitativer und qualitativer Hinsicht. Personalbedarfsplanung kann sich auf einen kurzfristigen (bis zu einem Jahr), einen mittelfristigen (bis zu drei Jahren) oder einen langfristigen (bis zu fünf Jahre) Zeithorizont beziehen. Es macht Sinn, alle drei Stufen zu betrachten und miteinander zu vergleichen. Sicherlich ist die Personalbedarfsplanung dabei immer mit einigen Unwägbarkeiten verbunden, da Sie den Wegfall bestehender oder die Zuteilung neuer Aufgaben nicht immer valide vorhersagen können. Dann gilt es, die Pläne anzupassen und neu aufeinander abzustimmen.

Auch die Personalbedarfsplanung kennt eine quantitative und eine qualitative Dimension. Abhängig von der Standardisierung der Arbeitsvorgänge können Sie den quantitativen Personalbedarf teils sehr detailliert bestimmen. Hierzu hilft Ihnen unter anderem diese Formel:

Summe an Arbeitseinheiten x Zeitbedarf pro Einheit (in Stunden) / Arbeitszeit je Mitarbeiter (in Stunden)

Es ergibt sich der quantitative Personalbedarf. Diese Formel kann unverändert aber nur bei hochstandardisierten Arbeitsvorgängen verwendet werden. Miteinzuberechnen sind immer auch Fehlzeiten, Einarbeitungszeiten, Zeiten zur Fehlerkorrektur sowie Puffer für andere Projekte und Tätigkeiten, soweit diese nicht bereits bei den Arbeitseinheiten Berücksichtigung fanden.

Sie sollten sich nicht auf die Formel allein verlassen, sondern weitere Methoden zur Ermittlung des quantitativen Personalbedarfs heranziehen, wie etwa Zugangs- und Abgangsberechnungen, ein Trendverfahren oder bestehende Stellenpläne.

Um den qualitativen Personalbedarf zu ermitteln, ist es ratsam, Anforderungsprofile zu erstellen, welche Art und Höhe der Anforderungen umfassen. Legen Sie dabei fest, welche Kompetenzen und Qualifikationen benötigt werden, um auch künftige Aufgabenfelder bewältigen zu können, soweit Sie dies absehen können.

Praxistipp: Visualisierung der Personalbedarfsplanung

Um den bestehenden und künftigen Personalbedarf (sowie den tatsächlichen Personalbestand) auf einen Blick erfassen zu können, hilft es, diese im Rahmen eines Diagramms zu visualisieren. Gehen Sie dabei vom Vergleich des aktuellen Personalbedarfs und des Personalbestandes aus und schätzen Sie anschließend anhand hinzutretender oder wegfallender Tätigkeitsfelder den künftigen Personalbedarf. Teilen Sie dabei die Tätigkeiten in Qualifikationsklassen ein (einfache Tätigkeiten, mittelschwere Tätigkeiten, gehobene Tätigkeiten). Dabei messen Sie den Bedarf jeweils in Arbeitsstunden und teilen die zu erledigenden Tätigkeiten den Qualifikationsklassen entsprechend ihres Arbeitsaufwandes zu. Sie können das System nach eigenem Ermessen weiter spezifizieren. Hier ein Beispiel, das die Visualisierung verdeutlichen soll:

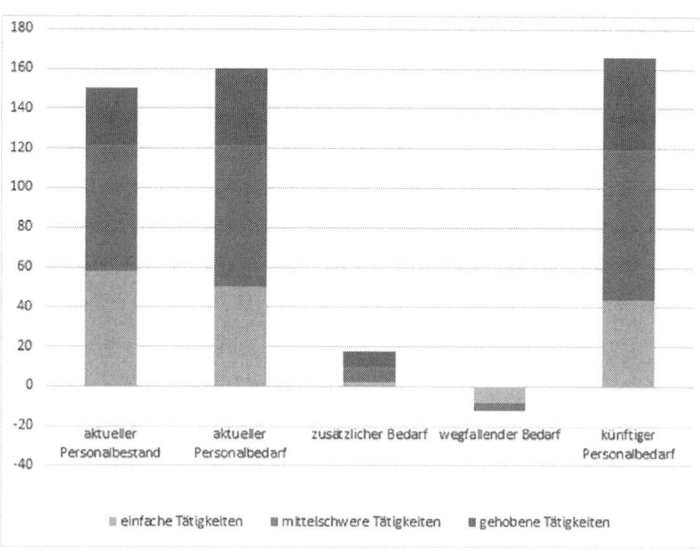

Personalbeschaffung

Die Personalbeschaffung setzt eine gründliche und durchdachte Personalplanung voraus. Nur wenn Sie den quantitativen und qualitativen Personalbedarf kennen, wird Ihnen eine gezielte Suche nach geeignetem Personal gelingen. Dabei müssen Sie – neben der Anzahl und der Art des zu ergänzenden Personals – auch den Zeitpunkt, die Dauer und den Einsatzort genau bestimmen können. Ziel der Personalbeschaffung ist es, denjenigen Bewerber auszuwählen, der den vorab definierten Anforderungen zur Erfüllung der Aufgaben am besten entspricht. Dabei kann es sich sowohl um Mitarbeiter, die bereits lange Jahre in Ihrem Unternehmen tätig sind, als auch um neue, externe Bewerber handeln.

Entwerfen Sie hierzu vor der eigentlichen Suche nach geeignetem, neuen Personal ein Anforderungsprofil, das es sowohl dem potenziellen Bewerber erleichtert, eine realistische Vorstellung von der künftigen Tätigkeit zu erlangen, und das es auch Ihnen ermöglicht, eine Orientierung für die Bildung von Auswahlkriterien und den Vergleich von Kandidaten zu bekommen. Das Anforderungsprofil gibt übersichtlich und strukturiert Auskunft über die Wertigkeit der Tätigkeiten. Abhängig von diesen sollte das Auswahlverfahren gestaltet sein. Dieses sollte objektiv gestaltet sein. Hierzu ist es ratsam, vorab Messkriterien, anhand welcher es zu urteilen gilt, zu definieren. Darüber hinaus muss das Verfahren angemessen sein und bei Bewerbern auf Akzeptanz stoßen. Als Faustregel gilt: Je höher der Anteil einfacher Tätigkeiten, desto geringer der Aufwand für den Personalauswahlprozess. Für die Einstellung eines Teamassistenten bedarf es keiner komplexen und zeitintensiven Testverfahren zur Ergründung sämtlicher Kompetenzen, Stärken und Schwächen, wie etwa bei einem Assessment Center. Umgekehrt bedeutet dies, dass mit zunehmendem Anteil höherwertiger Tätigkeiten auch der Aufwand, der für das Auswahlverfahren betrieben wird, gesteigert werden sollte. Schließlich handelt es sich dabei meist um Schlüsselpositionen innerhalb Ihres Teams. Hierbei gilt, sorgfältig abzuwägen und auszuwählen. Letztlich darf auch die Wirtschaftlichkeit des Auswahlverfahrens nicht vergessen werden. Das bedeutet, dass dieses so zuverlässig wie möglich und so aufwendig wie nötig gestaltet wird.

Machen Sie sich im Anschluss an die Erstellung des Anforderungsprofils Gedanken über die Beschaffungswege. Wie definiert sich die Zielgruppe, die Sie mit dem Profil ansprechen möchten und wie erreichen Sie diese? Auf klassischem Wege über die Stellenausschreibung auf relevanten analogen und digitalen Plattformen, über Bildungseinrichtungen, Messen oder über das Personal-Leasing? Dem Recruiting sind hierbei keinerlei Grenzen gesetzt. Seien Sie kreativ und überzeugend, um als Arbeitgeber attraktiv aufzutreten und Begeisterung bei Ihren Bewerbern auszulösen.

Haben Sie einen oder mehrere Wege ausfindig gemacht, folgt die Kommunikation des Anforderungsprofils an die potenziellen Bewerber. Die eingegangenen Bewerbungen gilt es schließlich zu analysieren und zu bewerten, um den Kreis der in Frage kommenden Kandidaten enger zu ziehen. Hierzu legen Sie Ihr Anforderungsprofil zugrunde und vergleichen dieses mit den Profilen der Bewerber, um eine grobe Vorauswahl zu treffen.

Haben Sie den Kreis der verbleibenden Bewerber bestimmt, folgt der Einsatz des vorab bestimmten Personalauswahlverfahrens. Nachdem Sie die Bewerbungsunterlagen bereits gesichtet haben, stehen Ihnen noch weitere Optionen zur Verfügung, um den Bewerber und seine Kompetenzen näher kennenzulernen.

Klassischerweise handelt es sich um ein strukturiertes Interview, aber auch Testverfahren zur Einschätzung von Intelligenz und Persönlichkeit sowie umfassend betrachtende Assessment Center oder praktische Arbeitsproben kommen immer häufiger zum Einsatz, um im Rahmen der Selektion vielfältige Aspekte, Merkmale und Eigenschaften der Bewerber zu untersuchen und sie in all ihren Facetten kennenzulernen.

Praxistipp: Der Aufbau eines strukturierten Interviews

Das meistgewählte (und häufig neben der Sichtung der Bewerbungsunterlagen einzige) Instrument im Rahmen des Personalauswahlverfahrens bildet das strukturierte Interview, auch Bewerbungsgespräch genannt. Es ist effizient und verschafft dem Unternehmen vergleichsweise rasch einen vertieften Überblick über die Bewerberlage. Aus den Bewerbungsunterlagen alleine gehen weder Persönlichkeit noch Sozialkompetenz hervor. Diese zeigen sich erst in der Interaktion im Rahmen des Interviews, welches wie folgt aufgebaut ist:

1) Gesprächsbeginn: Starten Sie mit einem einfachen, lockeren Einstieg, um eine angenehme Gesprächsatmosphäre zu schaffen und beginnen Sie mit Smalltalk (z. B. „Hatten Sie eine gute Anreise?")

2) Selbstvorstellung des Bewerbers: Werfen Sie dem Bewerber den Ball zu, indem dieser seine Vorzüge und seine Referenzen präsentieren kann. Geben Sie ihm ausreichend Gelegenheit, zu beweisen, dass er der richtige für den Job ist.

3) Biografiebezogene Fragen: Befragen Sie den Bewerber zu seiner Vita. Was fällt Ihnen besonders auf? Welche Fragen ergeben sich Ihrerseits zum Lebenslauf? Ist ein roter Faden in der bisherigen Karriere erkennbar?

*4) Informationen zur künftigen Tätigkeit: Nun überneh-
men Sie den weit überwiegenden Part des Gesprächs,
indem Sie die zu besetzende Stelle, ihre Anforderungen sowie das Arbeitsumfeld präsentieren.*

*5) Situative Fragen: Führen Sie das Gespräch nun tätig-
keitsbezogen fort. Dabei sollten Sie Fragen stellen,
die die Selbstreflexion beim Bewerber anregen, wie
etwa „Wie verlief Ihr letztes Beurteilungsgespräch?
Worin sehen Sie die Gründe für die Ihrer Meinung
nach gerechtfertigte/ungerechtfertigte Bewertung?".*

*6) Gesprächsabschluss: Fragen Sie den Bewerber, ob
seinerseits noch Fragen offen sind und beenden Sie
dann das Gespräch, indem Sie ihm mitteilen, bis
wann er mit einer Rückmeldung rechnen kann.*

*Bedenken Sie, dass Bewerber und Arbeitgeber im
Rahmen des strukturierten Interviews gänzlich unterschiedliche Strategien verfolgen. Während Bewerber
sich selbst profilieren möchten und eine optimale Selbst-
darstellung anstreben, indem sie sich der Strategie
der gekonnten Anpassung bedienen, gilt es für Sie als
Personalbeschaffer zu hinterfragen und die Verkaufs-
argumente kritisch zu durchleuchten. Was ist Schein
(Selbstdarstellung/Schauspiel) und was ist Sein (Kom-
petenz/Fähigkeiten)? Dies gilt es für Sie herauszufinden.
Dabei unterstützen Sie Ihre Menschenkenntnis sowie
Ihre Intuition. Lassen Sie sich nicht blenden, sondern
suchen und fragen Sie nach Belegen für die Behauptun-
gen Ihres Gegenübers. Der Bewerber ist hier definitiv
in der schwächeren Position und Ihnen die notwendigen
Informationen schuldig.*

Exkurs: Einsatz von Persönlichkeitstests im Rahmen des Personalauswahlverfahrens

Die Persönlichkeit des Bewerbers spielt im Rahmen des Selektionsverfahrens eine tragende Rolle, sind doch einige ihrer Dimensionen wesentliche Prädiktoren für späteren Berufserfolg. Umso erstaunlicher ist die Tatsache, dass gerade in Personalauswahlprozessen Persönlichkeitstests derzeit kaum eingesetzt werden, obwohl die Auswahl nach charakterlichen Gesichtspunkten ganz wesentlich zur Beurteilung von Motivation, Leistungsbereitschaft, Begeisterungsfähigkeit oder den Umgang mit Kollegen und Kunden beiträgt. Diese werden alleine auf Basis von Verhaltensbeobachtungen, etwa im Rahmen von Interviews oder Assessment Centern erfasst, ohne aber einen Abgleich mit dem Selbstbild des Bewerbers vorzunehmen. Daher lernen Sie nun das Fünf-Faktoren-Modell (NEO-Fünf-Faktoren-Inventar (NEO-FFI) nach Costa und McCrae) näher kennen.

Das NEO-Fünf-Faktoren-Inventar (NEO-FFI) nach Costa und McCrae gilt als der Persönlichkeitstest mit dem wohl höchsten Abstraktionsniveau, der zugleich ökonomisch und vergleichsweise simpel in der Anwendung ist und sich daher ideal für das Personalauswahlverfahren eignet. Er gibt zwar einen groben, jedoch vollständigen Überblick über die Persönlichkeitsausprägungen, indem er sich ausschließlich am Fünf-Faktoren-Modell orientiert, weshalb er gemeinhin als wissenschaftlich fundiert gilt. In 12 Items (je betrachteter Dimension) erfasst er auf fünffach gestuften Skalen den Grad der jeweiligen Persönlichkeitsausprägung. Die fünf Dimensionen sind:

- *Neurotizismus: Die erste Dimension spiegelt wider, wie die Person in Stresssituationen reagiert. Ist sie ängstlich, unsicher und lässt sie sich leicht aus der Bahn werfen oder bleibt sie stabil und ruhig? Sie misst den Hang zum Erleben negativer Gefühle.*

- *Extraversion: Personen mit hohen Werten in dieser Dimension sind gesellig und fühlen sich wohl, wenn sie von anderen Menschen umgeben sind. Sie treten aktiv und optimistisch an die Dinge heran, während Introvertierte sich gerne zurückziehen und Aufgaben für sich, unabhängig von anderen lösen.*

- *Gewissenhaftigkeit: Bei dieser Dimension wird das Handeln der Person genauer betrachtet. Ein gewissenhafter Mensch zeichnet sich durch Überlegtheit, Strukturiertheit, Effektivität und Genauigkeit aus, während weniger Gewissenhafte oft spontan und eher oberflächlich agieren.*

- *Offenheit: Sie beschreibt, welches Interesse die Person an neuen Erfahrungen zeigt. Ist Sie aufgeschlossen für Neues? Experimentiert sie gerne, ist sie enthusiastisch und wird sie dabei kreativ? Oder bevorzugt sie Bewährtes und Erprobtes? Denkt und handelt sie eher konservativ?*

- *Verträglichkeit: Die Verträglichkeit gibt schließlich wieder, wie sich die Person im Umgang mit anderen Menschen verhält. Ist sie empathisch und hilfsbereit? Sucht sie den Konsens und liebt sie die Harmonie? Oder aber befindet sie sich dauerhaft im Wettstreit mit anderen und gibt sich daher unnahbar und egozentrisch?*

Der NEO-FFI setzt sich also aus 60 Einzelfragen/Statements (12 pro Persönlichkeitsdimension) zusammen, die die zu testende Person jeweils mit 1 (starke Ablehnung) bis 5 (klare Zustimmung) beantwortet. Beispiele für Items lauten etwa:

- *„Ich mag Feiern und große Feste gern." (Extraversion)*

- *„Ich gerate leicht in Panik" (Neurotizismus)*

- *„Ich interessiere mich nicht für die Probleme anderer" (Verträglichkeit)*

Die Auswertung des Tests zeichnet ein Bild vom Charakter und der Persönlichkeit der Testperson. Sie gewinnen dadurch einen Eindruck von ihrem Verhalten und können daher die Eignung für die zu besetzende Stelle besser beurteilen. Auch hierfür können Sie vorab ein Anforderungsprofil definieren und die Ergebnisse des Tests mit diesem vergleichen. Dies könnte in etwa so aussehen:

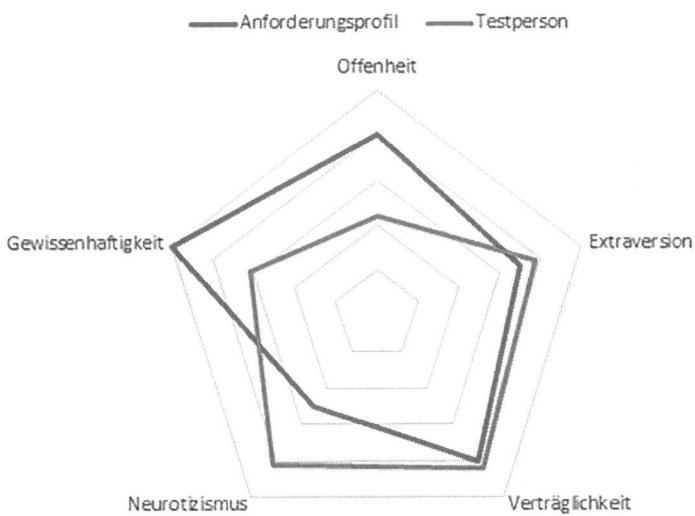

Probleme: Zwar gilt das Fünf-Faktoren-Modell als durchaus zuverlässiges Mittel zur Bestimmung der Persönlichkeit, jedoch sollten die Ergebnisse im Rahmen des Personalauswahlverfahrens differenziert und kritisch betrachtet werden. In diesem Zusammenhang erweisen sich bewusste Verfälschung der Beantwortung, um einen möglichst guten Eindruck zu vermitteln, sowie verzerrte Wahrnehmungen des Selbstbilds als problematisch. So lassen sich Items der Befragung vergleichsweise einfach durchschauen, sodass sich die Antwort des Bewerbers nicht an seinen tatsächlichen Eigenschaften orientiert, sondern an der Frage: „Welche Antworten muss *ich treffen, um von mir überzeugen zu können?" In diesem Fall sollen die Beobachter bewusst getäuscht werden, während bei der unbewussten Verzerrung der Testbearbeitung eine Selbsttäuschung zugrunde liegt. Die Beantwortung der Items erfordert stets komplexe Urteilsprozesse, die sich auf mentale Repräsentationen aus Erfahrung und Erlebtem stützen. Dabei wird – zum Schutze des Selbstwerts im Rahmen der Selbstreflexion – häufig nach dem Phänomen der sozialen Erwünschtheit geantwortet. Folglich tendieren die Antworten zum vermeintlich Positiven. Im Rahmen der Personalauswahl sind insbesondere die Dimensionen „Gewissenhaftigkeit" und „Verträglichkeit" anfällig für die Überschätzung der tatsächlichen Eigenschaftsausprägungen, aber auch für eine bewusste Manipulation der Beantwortung, da sie vom Bewerber als für jegliche berufliche Eignung generell relevant identifiziert werden.*

__Lösungsoptionen__: Es besteht die Möglichkeit, durch Kontrolle gezielt bewusste Verfälschung aufzudecken. Hierzu werden Kontrollskalen eingebaut, die sowohl eine Selbsttäuschung als auch das sogenannte „Impression Management" erfassen, indem bestimmte Antwortkonstellationen betrachtet werden, wenn diese als in der Realität als wenig wahrscheinlich gelten. Zudem sollte ein kontrollierender Abgleich des so erhobenen Selbstbildes mit anderen Informationsquellen, wie etwa die Bewerbungsunterlagen oder das strukturierte Interview, erfolgen.

__Fazit__: Der Einsatz von Persönlichkeitstests im Rahmen der Personalauswahl ist als Chance und Herausforderung zugleich zu begreifen. Einerseits erhalten die Beobachter ein umfassendes Selbstbild des Bewerbers in Bezug auf die beruflichen Anforderungen. Darüber hinaus sind die Verfahren in ihrer Anwendung unkompliziert, ökonomisch und tragen zu einer differenzierten Betrachtung *des bisherigen Urteils, das nur auf Fremdbeobachtung beruht, bei.*

Andererseits darf nicht übersehen werden, dass auch den Persönlichkeitstests gewisse Grenzen in ihrer Aussagekraft gesetzt sind, da sie letztlich subjektiv bearbeitet werden und Verfälschungs- und Verzerrungstendenzen nie gänzlich ausgeschlossen werden können. Entsprechende Gegenmaßnahmen stehen zur zwar Verfügung, erhöhen jedoch den Aufwand, sodass letztlich auch die Komplexität des Verfahrens wieder zunimmt.

Persönlichkeitstests sind als probates Mittel zur schlussendlichen Ergänzung des Fremdbildes zu verstehen. Sie können jedoch nicht isoliert, also ohne die Anwendung weiterer Instrumente im Rahmen des Personalauswahlverfahrens, zur Beurteilung der Eignung eines Bewerbers herangezogen werden.

Personalentwicklung

Schließlich gilt es für Sie, das bestehende Personal auf künftige Aufgaben und Herausforderungen vorzubereiten und ihre Kenntnisse, Fähigkeiten und Fertigkeiten kontinuierlich zu verbessern, um das Leistungsoptimal voll ausschöpfen zu können. Personalentwicklung zielt genau darauf ab. Die Mitarbeiter werden zukunftsfit gemacht und eignen sich die entsprechenden Qualifikationen an. Es handelt sich dabei um die Steigerung der Fach-, Methoden- und Sozialkompetenz. Schwächen werden gezielt ausgeglichen und Stärken aktiv gefördert. Im Fokus steht dabei insbesondere die gemeinsame Planung der beruflichen Laufbahn. Hierzu gibt es, abhängig vom Stadium der Karriere des Mitarbeiters, verschiedene Ansätze und Methoden:

Neueinsteiger

Maßnahmen into the Job: Neue Mitarbeiter erhalten die notwendigen Informationen und das Handwerkszeug, um den Anforderungen ihres Tätigkeitsfeldes voll und ganz gerecht werden zu können. Besonders die Einarbeitungsphase ist hier von enormer Bedeutung. Als Führungskraft sind Sie dafür verantwortlich, dass das neue Teammitglied rasch über sämtliche notwendigen Kompetenzen und Verantwortlichkeiten verfügt, um Leistung zu erbringen. Gezielte Trainee-Programme unterstützen den Integrationsprozess maßgeblich und tragen zur Beschleunigung des Einarbeitungsprozesses bei.

Integriertes Teammitglied

Maßnahmen on the Job: Hier findet die Fortbildung direkt am Arbeitsplatz und damit im realen Umfeld statt, was die Personalentwicklungsmaßnahmen besonders effektiv macht, da sie bereits mit der Praxis verknüpft sind. Die Erkenntnis des Nutzens dieser Maßnahmen steigert die Lernmotivation zusätzlich. Im Rahmen eines Job Enrichement-Ansatzes erhält der Mitarbeiter neue, anspruchsvollere Aufgaben. Seine Arbeitsinhalte werden hinsichtlich des Gestaltungsspielraums erweitert. Job Enlargement bezieht sich ebenfalls auf neue Aufgaben. Hier kommen weitere, bisher unbekannte Tätigkeitsfelder zu den bereits bestehenden hinzu, während bei der Job Rotation das gesamte Tätigkeitsfeld gewechselt wird. Welche Methoden sich hier im Einzelnen eignen, hängt letztlich vom Spezifikationsgrad eines jeden Mitarbeiters ab. Je weniger fachspezifisch sich die Aufgaben gestalten, desto eher lassen sich Veränderungen umfangreicherer Art initiieren.

Maßnahmen near the Job: Bei diesen Personalentwicklungsmaßnahmen handelt es sich um Instrumente,
welche zwar nicht direkt am Arbeitsplatz zum Einsatz
kommen – jedoch in dessen Nähe bzw. zumindest aber
auf betrieblicher Ebene, teils sogar innerhalb der Organisationseinheit. Bestimmte Themen oder Lernziele sollen
den Mitarbeitern durch selbständige Erarbeitung in Gruppen vermittelt werden, etwa im Rahmen von Projekten
oder in Lernstätten. Wird das Ziel der kontinuierlichen
Qualitätssteigerung fokussiert, empfiehlt sich hier auch
die Gründung von Qualitätszirkeln oder Arbeitskreisen,
die sich mit der Aufdeckung von Problemen und der
zielgerichteten Lösung dieser befassen.

Maßnahmen along the Job: Hierunter versteht man
berufsbegleitende Maßnahmen der Karriereplanung. Es
geht dabei um die Vermittlung bestimmter Qualifikationen, die etwa bei einem beruflichen Aufstieg für künftige
Positionen benötigt werden. Verfügt der Mitarbeiter
über diese, steigen seine Chancen, die Karriereleiter
emporzuklettern.

Maßnahmen off the Job: Dabei handelt es sich um klassische Fortbildungsveranstaltungen und Schulungen, die
unabhängig vom Arbeitsplatz neues Wissen und Kenntnisse vermitteln. Auch Inhouse-Schulungen fallen unter
diese Maßnahmengruppe.

Ausscheidender Mitarbeiter

Maßnahmen out oft the Job: Bei diesen Maßnahmen geht
es um die Vorbereitung auf einen anstehenden Wechsel.
Der betreffende Mitarbeiter hat sich entweder für eine
berufliche Veränderung entschieden oder steht kurz vor
dem Ruhestand. Ihr bereits erarbeitetes Know-how sollte
möglichst innerhalb der Organisation erhalten bleiben.

Dies wird aufgrund der individuellen Erfahrungen des Mitarbeiters kaum in Gänze möglich sein, doch bildet die Bewahrung wertvollen Wissens einen wichtigen Baustein für die Kontinuität innerhalb Ihrer Organisationseinheit.

Achten Sie bei der Personalentwicklung insbesondere darauf, dass sich die Maßnahmen einerseits mit den Zielen und der Strategie des Unternehmens decken, andererseits aber auch zur Lösung aktueller Probleme beitragen. Ergreifen Sie keine Personalentwicklungsmaßnahmen nur um des Veränderns Willen, sondern wägen Sie sorgfältig den Sinn und die Belastbarkeit Ihrer Mitarbeiter ab. Zudem haben Sie dabei auf Chancengleichheit unabhängig von den Kenntnissen und Fähigkeiten Ihrer Teammitglieder zu achten, um eine Bevorzugung bzw. Benachteiligung auszuschließen und alle am Lernprozess teilhaben zu lassen. Letztlich sollte es vorrangiges Ziel sein, Fähigkeitslücken zu decken, um effizientes Arbeiten zu ermöglichen.

Wie erfolgreiches Leadership gelingt

Sie haben in den vorangegangenen Kapiteln bereits kennengelernt, was eine gute Führungskraft ausmacht, welche Charaktereigenschaften, Überzeugungen, Fähigkeiten und Kompetenzen sie benötigt, um den facettenreichen Führungsalltag zu meistern. Sie kennen auch bereits das komplexe und breit gefächerte Aufgabenspektrum eines Leaders und haben Instrumente zur Organisation Ihres Teams kennengelernt. Bauen Sie auf Ihre solide Basis auf und seien Sie bereit, Ihre Softskills zu forcieren sowie sich die psychologischen Grundlagen des Führens anzueignen, um Verhaltensmuster zu verstehen und ihre Ursachen ergründen zu können. Sie erhalten damit ein umfassendes Kommunikationstraining, damit Sie sicher und versiert auftreten. Dieses Wissen gibt Ihnen auch die Möglichkeit, sich selbst besser kennen- und einschätzen zu lernen, damit Sie Ihr Team bewusster lenken und steuern können, um so letztlich die Zielorientierung des Handelns Ihres Teams weiter zu steigern.

Führungsstile: Wie sich Leader verhalten

Der Führungsstil beschreibt eine Summe von Verhaltensweisen einer Führungskraft gegenüber ihren Mitarbeitern, die sich einem bestimmten Muster zuordnen lassen. Auf diese Weise lässt sich eine Kategorisierung vornehmen, sodass verschiedene Stile unterschieden werden können. Ist die Führungskraft dominant und versucht sie, ihren Willen durchzusetzen, oder aber lässt sie ihre Mitarbeiter gewähren und gibt ihnen maximale Freiheiten in der Gestaltung der ihnen übertragenen Prozesse? Geht sie auf Mitarbeiter ein, beteiligt sie diese an Entscheidungen oder behält sie sich diese vor? Je nach Tendenz lässt sich das Führungsverhalten einordnen und der individuelle Führungsstil bestimmen.

Individuell bedeutet, dass es keinen mustergültigen, einzig richtigen Führungsstil gibt. Vielmehr gilt es situativ und abhängig vom jeweiligen Geführten zu handeln. Bedenken Sie dabei, dass Verhalten immer sowohl von der Situation wie auch von den interagierenden Personen abhängig ist. So spielen äußere Umstände eine ebenso große Rolle, wie Ihre eigene Persönlichkeit und diejenige Ihres Mitarbeiters. Jedes Teammitglied ist einzigartig, hat unterschiedliche Bedürfnisse und Erwartungen an Führung. Während einerseits Mitarbeiter weitgehend selbständig und unabhängig arbeiten möchten, wünschen sich andere eine starke Führungsfigur, die klare Anweisungen gibt und sich zur Arbeitsleistung lobend oder kritisch äußert. Für Sie als Leader gilt es, diese verschiedenen Tendenzen zu erkennen und Ihr Führungsverhalten daran anzupassen, jedoch in der Weise, dass Sie sich selbst noch erkennen und authentisch wirken, denn eben auch Ihre Persönlichkeit und Ihr Charakter beeinflussen das glaubwürdige Führungsverhalten maßgeblich.

Es ist also angezeigt, sich jedem einzelnen Mitarbeiter gegenüber als Führungskraft so zu verhalten, wie es der Zielerreichung dienlich ist, sei es durch große Freiräume oder aber durch klare Aufgabenzuweisungen, sich selbst dabei aber treu zu bleiben. Meist wenden Sie in der Praxis auch nicht nur die verschiedenen Führungsstile exakt voneinander abgegrenzt an. Vielmehr verschwimmen die Grenzen zwischen den Stilen und sie bedienen sich der Elemente verschiedener Führungsmodelle. Das ist auch vollkommen richtig so, denn es zeugt davon, dass Sie sich entweder intuitiv oder bewusst so verhalten, dass Ihr Handeln zum Ziel führt. Dennoch lassen sich in Ihrem zielgerichteten Wirken gegenüber Mitarbeitern immer Tendenzen in Richtung eines bestimmten Führungsstils erkennen. Klassische und moderne Führungsmodelle lernen Sie im Folgenden kennen.

Der autoritäre Führungsstil

Der autoritäre Führungsstil ist von Regeln, der Befolgung von Anweisungen sowie der Kontrolle dieser geprägt. Oft verbinden wir mit ihm das typische Bild des alles beherrschenden Chefs. In der Tat ist das Verhältnis von Vorgesetztem und Mitarbeiter klar abgegrenzt. Er allein entscheidet, erlässt Vorschriften und gestaltet die Arbeitsprozesse überwiegend alleine. Dabei wird absoluter Gehorsam und zuverlässige Fügung von den Mitarbeitern (hier bewusst nicht als „Teammitglieder" bezeichnet) erwartet. Die Führungskraft bezieht sich auf ihre hierarchisch gehobene Position und erteilt Aufträge, delegiert und überwacht das Vorgehen innerhalb der Organisationseinheit.

Vielleicht vermuten Sie, dass dieses Führungskonzept längst überholt sein mag und nicht mehr zeitgemäß eingesetzt werden kann. In gewisser Weise mögen Sie

richtig liegen, denn langfristig birgt der autoritäre Führungsstil die Gefahr, dass Mitarbeiter sich nicht genug
entfalten können, sich eingeengt und überwacht fühlen,
was die Motivation rasch senkt. Oft ist dann die Folge,
dass nur noch Dienst nach Vorschrift gemacht wird, was
nicht im Sinne eines nach Innovation und Produktivität
strebenden Leaders sein kann. Dennoch besitzt dieses
Führungsmodell seine Berechtigung, insbesondere in
stark regulierten Institutionen, wie etwa Behörden, sowie
in Krisensituationen. Denken Sie etwa an die Abwicklung
eines großen Polizeieinsatzes: Wenn nicht jeder Mitarbeiter die Anweisungen seines Vorgesetzten exakt befolgt,
kann dies fatale Folgen für zu schützende Güter, wie
etwa Sachwerte, oder für die Gesundheit von Menschen
haben. Meist müssen rasch Entscheidungen getroffen
und sofort vollzogen werden, um Schaden abzuwenden.
Auch Ihre Organisationseinheit kann in den „Krisenmo-
dus" geraten, etwa wenn wichtige Aufträge wegbrechen
oder Konflikte die Funktionsfähigkeit gefährden. Dann
müssen Sie das Ruder selbst in die Hand nehmen und
autoritär festlegen, wer wie zu handeln hat, um Ihr Team
wieder auf Kurs zu bringen und um Irritationen vorzubeugen. Sie erkennen, dass der autoritäre Führungsstil
durchaus auch heute noch seine Berechtigung besitzt,
er sollte jedoch in Teams mit offener Arbeitsatmosphäre
nur in Ausnahmesituationen zur Anwendung kommen.

Der Laissez-faire-Führungsstil

Im Gegensatz zum autoritären Führungsstil kennt das
Laissez-faire-Führungskonzept kaum Regeln. Er gibt den
Mitarbeitern maximale Freiheit in der Gestaltung ihrer
Arbeitsprozesse zur Erreichung der vorgegebenen Ziele.
Kontrolle findet dabei nicht oder nur in sehr begrenztem
Maße statt. Häufig wird der Laissez-faire-Führungsstil
mit Desinteresse und Bequemlichkeit der Führungs-
kraft gleichgesetzt, doch auch dieses Modell erweist

sich in gewissen Konstellationen innerhalb des Teams durchaus als hilfreich, insbesondere dann, wenn sich unter den Mitarbeitern Spezialisten mit stark vertieftem Fachwissen befinden, die die Fachkenntnisse der Führungskraft bei weitem übersteigen und diese über ein hohes Motivations-Level verfügen. Ihnen wird der notwendige, breite Handlungsspielraum gegeben, um vollkommen selbständig tätig zu werden. Hierbei werden Verantwortlichkeiten und auch Entscheidungskompetenzen in größerem Umfang übertragen, um Prozesse effektiv zu gestalten und Projekte rasch voranzubringen. Eine zusätzliche Entscheider-Ebene ist häufig hinderlich, insbesondere wenn der Führungskraft das erforderliche Wissen zur sachgerechten Entscheidung fehlt. Der Führungsstil fördert damit die Unabhängigkeit, was Raum für Innovationen und Kreativität schafft.

Zugleich ist aber auch Vorsicht geboten, denn dieses Führungskonzept eignet sich nicht überall gleichermaßen. So birgt er etwa bei Teams mit weniger Erfahrung bzw. mit geringerer Fachkompetenz das Risiko des Motivationsverlusts und der abnehmenden Gruppenleistung. Die Mitarbeiter erhalten kein Feedback für geleistete Arbeit und können ihren Beitrag somit nicht einordnen. Ihnen fehlt die Rückmeldung zur Zielorientierung ihres Handelns, was sie zögern lässt und in ihrem Enthusiasmus hemmt. Zudem öffnet die mangelnde Kontrolle Tür und Tor für Fehler, die oft lange unentdeckt bleiben, jedoch fatale Folgen für die Leistungsfähigkeit der Organisationseinheit nach sich ziehen können. Genauso besteht die Gefahr, dass Mitarbeiter den Umstand mangelnder Kontrolle für sich ausnutzen und nur halbherzig arbeiten, indem sie versuchen, sich hinter der Gruppenleistung zu „verstecken". Ob der Führungsstil für Sie in Frage kommt, muss also gründlich abgewogen werden. Er kann bei sehr qualifizierten Mitarbeitern angewandt werden und damit die Chance zu mehr Freiheiten bzw. zu einem Plus an Motivation bieten. Zugleich besteht jedoch das Risiko von Fehlentwicklungen und nachlassender Arbeitsleistung bei Mitarbeitern, die eines regelmäßigen Feedbacks und einer stetigen Kontrolle bedürfen.

Der kooperative Führungsstil

Ein partnerschaftliches Miteinander von Führungskraft und Mitarbeiter, die Einbeziehung in Entscheidungsprozesse und Konsensfindung zeichnen den kooperativen Führungsstil aus. Er ist von einer offenen Kommunikationskultur geprägt, die Diskussion erlaubt und vom regelmäßigem Austausch und bilateraler Rückmeldung lebt. Verantwortlichkeiten und Kompetenzen werden dabei auf mehrere Schultern innerhalb des Teams verteilt. So kann der potenzielle Ausfall eines Teammitgliedes, das auch eine höhere Verantwortung aufweist, deutlich besser kompensiert werden. Außerdem wird die Fehlerquote nachgewiesenermaßen verringert. Die Führungskraft hat in erster Linie dafür zu sorgen, dass ihre Mitarbeiter, welchen sie Aufgaben und Verantwortlichkeiten übertragen hat, zugleich über entsprechende Kompetenzen und Ressourcen zur Bewältigung der Tätigkeiten verfügen. Sie selbst nimmt die Rolle des Ansprechpartners ein, der den Gesamtüberblick wahrt und bei welchem alle Informationen zusammenlaufen.

Durch die offene und auf Vertrauen basierende Art und Weise der Zusammenarbeit werden die Eigenverantwortlichkeit der Mitarbeiter, ihre Leistungsbereitschaft sowie die Motivation deutlich gesteigert. Sie nehmen sich selbst als festen Bestandteil innerhalb des Organisationsgefüges wahr und kennen den jeweiligen Beitrag zum Unternehmenserfolg genau. Damit ein möglichst reibungsloser betrieblicher Ablauf gewährleistet werden kann, ist es wichtig, dass sich Wertevorstellungen der Mitarbeiter weitestgehend decken.

Das kooperative Führungskonzept ist von einem hohen Maß an Interaktion geprägt. Sie sollten sich dessen bewusst sein und genügend Zeit einplanen, die Sie Ihren Mitarbeitern und Ihrem Vorankommen widmen. Sie beteiligen Ihre Teammitglieder an wichtigen Entscheidungen, deshalb ist es Ihre Aufgabe, gemeinsam getragene Lösungsansätze zu finden und den Konsens zu erreichen – auch in kritischen Angelegenheiten. Durch die Beteiligungsprozesse kann es durchaus zu zeitlichen Verzögerungen in Projekten und Abläufen kommen, es können sich Bearbeitungsschleifen ergeben, die den Fortschritt insgesamt hemmen, wenn kein tragfähiger Lösungsweg gefunden werden kann. Um dem Erfolg Ihres Teams aber nicht zu schaden, sollten Sie vorab negative Tendenzen erkennen und schließlich auch selbst entscheiden, bevor die Zielerreichung gefährdet wird. Selbstverständlich sollte dies die Ausnahme darstellen, wenn Sie den kooperativen Führungsstil anwenden möchten.

Der situative Führungsstil

Wie der Name bereits andeutet, beschreibt der situative Führungsstil kein einheitliches Handeln der Führungskraft nach einem bestimmten Muster, sondern vielmehr ihre Reaktion in Abhängigkeit von der jeweiligen Situation, der sie sich konfrontiert sieht. Sie bedient sich dazu der Elemente verschiedener anderer Führungsstile in systematischer Weise, um ein möglichst optimales Ergebnis zu erzielen. Eine besondere Rolle spielt in diesem Zusammenhang der Reifegrad des jeweiligen Mitarbeiters. Je mehr Erfahrung dieser mitbringt, desto eher kann die Führungskraft auf Methoden der Verantwortungsübertragung, der Teilhabe und der Unterstützung zur Eigenständigkeit zurückgreifen. Bei geringerer Reife wird sie sich im Wesentlichen auf klare Anweisungen beschränken können, um den Mitarbeiter schrittweise aufzubauen, bevor er in die Entscheidungsfindung einbezogen wird. Dabei gilt es zu berücksichtigen, dass der Reifegrad eines Mitarbeiters nicht allgemein beurteilt werden kann, sondern sich vielmehr aufgabenspezifisch zeigt. So ist es etwa möglich, dass ein bereits sehr erfahrener Mitarbeiter, der im Vertrieb tätig ist, einen hohen Reifegrad im Umgang mit Kunden besitzt, jedoch kaum Kenntnisse zur Strategieentwicklung besitzt, sodass sein Reifegrad in diesem Bereich niedrig ausfällt.

Die Einschätzung von Reifegrad und Situation obliegt stets Ihnen als Leader. Durch die (bewusste oder unbewusste) Reflexion bestimmt sich demnach das konkrete Führungsverhalten. Sie entscheiden, ob der Mitarbeiter noch einiger Förderung bedarf und daher klare Vorgaben und Erwartungen kommuniziert werden müssen, in Verbindung mit intensiverer Kontrolle, oder ob Ihr Teammitglied bereit ist, Verantwortung zu übernehmen und selbständig zu handeln. Natürlich beurteilt sich dies stets individuell und abhängig von der gegenwärtigen Situation, sodass zahlreiche Reaktionen der Führungskraft in Frage kommen. Welche Maßnahmen Sie also letztlich ergreifen, ist das Machwerk Ihrer eigenen Beobachtung, Interpretation und Erfahrung.

Seien Sie dabei nicht zu sprunghaft, denn dies würde Ihre Mitarbeiter nur verwirren und eine unklare Erwartungshaltung vermitteln. Vielmehr ist es wichtig, dass Sie natürlich und intuitiv sowie an die jeweilige Situation angepasst handeln.

Der partizipative Führungsstil

Der partizipative Führungsstil ist dem kooperativen Führungsstil sehr ähnlich, unterscheidet sich jedoch in der Tatsache, dass die Mitarbeiter selbst zur Entscheidungsfindung aktiv beitragen, indem sie Informationen, Erfahrungen, Wissen und Meinungen beisteuern und selbst Lösungsoptionen erarbeiten. Damit erhalten sie die größtmöglichen Freiheiten zur Gestaltung der betrieblichen Prozesse und wirken direkt an der Festlegung der strategischen Ausrichtung der Organisationseinheit mit. Selbständigkeit und Eigenverantwortung der Mitarbeiter werden gefördert, um Raum für Kreativität und Innovation zu schaffen. Dabei darf der partizipative nicht mit dem Laissez-faire-Führungsstil verwechselt werden. Sie als Führungskraft nehmen sich nicht vollständig zurück, sondern treffen und verantworten die gemeinschaftlich gefundenen Lösungswege in letzter Instanz. Sie vernetzen die Funktionen und koordinieren die Abläufe, um Redundanzen und Widersprüche zu vermeiden. Außerdem moderieren Sie den Prozess der Entscheidungsfindung, geben Feedback und stehen Ihren Mitarbeitern bei Fragen oder Problemen zur Seite.

Achten Sie bei der Anwendung des partizipativen Führungsstils darauf, die Organisation Ihres Teams entsprechend anzupassen. Flache Hierarchien und Arbeitsgruppen, in welchen Ihre Teammitglieder gleichberechtigt interagieren, stellen die Voraussetzung für faire Entscheidungen der Gruppe dar. Bleiben Sie dabei stets Herr der Lage und entscheiden Sie in Situationen, die eine rasche Reaktion erfordern selbst, bevor die teils langwierige Partizipation Sie in Ihrer Flexibilität behindert. Achten Sie aber zugleich darauf, möglichst viele der Ideen und Vorschläge der eigenen Mitarbeiter zu berücksichtigen, da ansonsten Frustration und Enttäuschung durch nicht erfüllte Erwartungen drohen.

Sprechen Sie auch mit Ihren Mitarbeitern darüber, weshalb Sie anders entschieden haben und zeigen Sie ihnen plastisch auf, weshalb Sie einen anderen Weg eingeschlagen haben. Bringen Sie sachliche Argumente vor, erhöht dies die Akzeptanz Ihrer Entscheidung. Ermutigen Sie aber jedenfalls Ihre Mitarbeiter, weiterhin Optimierungsvorschläge zu unterbreiten. Sie können langfristig die stetige Fortentwicklung Ihrer Organisationseinheit sichern und bleiben damit up to date.

Moderne Führungsansätze

Neben den klassischen Führungskonzepten sollen Sie auch moderne Ansätze des Führens kennenlernen. Es handelt sich bei diesen weniger um charakteristische Führungsstile, als vielmehr um evolutionäre Weiterentwicklungen der klassischen Modelle, die versuchen, das Beste aus allen Welten in sich zu vereinen, um den Mehrwert der Führungsarbeit zu maximieren. Dabei zeigen sich unterschiedliche Tendenzen, die abhängig vom Reifegrad und der jeweils zu bewältigenden Situation mehr sachorientiert-fördernd oder aber beziehungsorientiert-partizipativ ausfallen können. Im Folgenden erfahren Sie mehr über moderne Führungsansätze und ihre Merkmale:

- **Der integrative Führungsansatz**
  Die Führungskraft fokussiert sich darauf, herausragende Kompetenzen und Fähigkeiten eines jeden einzelnen Mitarbeiters zu erkennen und in die betrieblichen Abläufe zu integrieren. Dabei geht sie stets auf die Suche nach vorhandenen Potenzialen, fördert diese und schöpft sie schließlich vollends aus, um den Zielerreichungsgrad zu optimieren. Dabei spielt auch das Erkennen von Leistungswillen eine Rolle. Es kommt letztlich ganz wesentlich auf die

Beobachtungsgabe und die Menschenkenntnis der Führungskraft an.

- **Der innovative Führungsansatz**
Er steht ganz im Zeichen des gemeinsamen Lernprozesses und versucht, die Stärken der Mitarbeiter zu nutzen und im Rahmen einer aktiv gelebten, offenen Vorschlags- und Diskussionskultur den stetigen Innovationsprozess bottom-up, also von der Basis her, zu ermöglichen und zu festigen. Besonders in Branchen, in welchen hohe Flexibilität und Kreativität gefordert wird, wie etwa im Marketing, ist er von großer Bedeutung. Dabei lernt die Gruppe im Kollektiv, sodass Wissen und Erfahrung breit gefächert sind und in Organisationswissen umgewandelt werden.

- **Der adaptive Führungsansatz**
Hierbei erkennt die Führungskraft Stärken und Schwächen ihrer Mitarbeiter genau und geht gezielt auf diese ein, indem sie Stärken nutzt und Schwächen auszugleichen versucht. Die Aufgaben werden so koordiniert, dass Talente und Freude an der Tätigkeit gefördert werden, zugleich aber Herausforderungen als Ansporn zum lebenslangen Lernen gestellt werden, die auf den Schwächenausgleich abzielen.

- **Der dialogische Führungsstil**
Diesen könnte man auch als „Hilfe zur Selbsthilfe" bezeichnen. Sein Zweck besteht darin, die Mitarbeiter zu befähigen, selbst unternehmerisch, strategisch und vernetzt denken und handeln zu können. Im Dialog liegt der Schlüssel für Verständnis und Nachvollziehbarkeit von höheren Zielen, um das „große Ganze" transparent zu gestalten und den eigenen Beitrag des einzelnen Mitarbeiters einordnen zu können. Im Zentrum steht demnach die Unterstützung der Mitarbeiter in ihrem Reifeprozess, sodass diese sich mehr und mehr selbst zu führen lernen.

Das Konzept des transformationalen Führens

Gerade in einem immer dynamischer werdenden, sich schneller wandelnden Umfeld kommt es auf gute und verlässliche Führungsarbeit an, um Flexibilität und Leistungsbereitschaft als Team dauerhaft aufrecht zu erhalten. Es bedarf kreativer Innovationen und immer neuer Ideen und Lösungskonzepte, um langfristig im globalen Wettbewerb bestehen zu können. Es liegt an der Führungskraft, die hierfür notwendige Atmosphäre zu schaffen und Mitarbeiter – trotz hoher Belastungen – weiter zu motivieren. Genau dort setzt das Konzept des transformationalen Führens, das als eines der modernsten und gefragtesten Führungsmodelle überhaupt gilt, an.

Die transformationale Führungskultur legt ihren Schwerpunkt auf die Vorbildfunktion des Leaders und der an Werten orientierten Führung. Es geht darum, das gesamte Mindset der Mitarbeiter zu transformieren und ihre Einstellungen so zu verändern, dass diese zu den von Ihnen vorgelebten Werten passen. Dies stellt eine komplexe Aufgabe dar, die über Monate und Jahre hinweg wachsen muss und keine kurzfristigen Erfolge versprechen lässt. Hier sind vielmehr Geduld, Konsequenz und Durchhaltevermögen der Führungskraft gefordert.

Kurzfristig lässt sich mit dieser Art des Führens kein spürbarer Erfolg verzeichnen. Sie werden die persönlichen Überzeugungen Ihrer Mitarbeiter, die sich über Jahre und Jahrzehnte hinweg ausgeprägt haben, nicht von heute auf morgen vollkommen verändern können. Sie müssen stattdessen viel Überzeugungsarbeit leisten, den Dialog suchen und eine offene und transparente Diskussionskultur im Team schaffen, um sie ihre Leistungen im Dienste des Unternehmens und weniger in eigenem Interesse erbringen zu lassen. Befähigen Sie Ihre Mitarbeiter daher zu eigenständigem Handeln im Sinne der Unternehmensziele und beweisen Sie ihnen, wofür es sich lohnt, sich zu engagieren.

Sie fragen sich nun zurecht, wie Ihnen diese Transformation bis hin zur Veränderung der gesamten Organisation gelingen kann. Die Antwort liegt – wie so oft auf dem Feld der Organisationspsychologie – in der Tatsache, dass es kein Patentrezept gibt. Die transformationale Führung ist kein statisches Konzept, sondern lebt von der Individualität. Es „menschelt" eben und das ist auch gut so, denn Authentizität und glaubwürdige Kommunikation stellen die Grundpfeiler für dieses Modell dar, welches allein durch Beobachtung des Verhaltens erfolgreicher Leader entwickelt und gefestigt wurde. Dennoch können Sie durch Ihr Handeln den Prozess dahingehend beeinflussen und Offenheit für ein gemeinsam getragenes Wertekonzept fördern:

- Seien Sie sich bewusst, dass Sie Vorbild sind und unter genauer Beobachtung durch Ihre Mitarbeiter stehen. Verhalten Sie sich deshalb so, wie Sie es auch von Ihren Teammitgliedern erwarten und inspirieren Sie diese.

- Bauen Sie das Selbstvertrauen Ihrer Mitarbeiter auf, indem Sie ihnen wertschätzend vermitteln, welchen Beitrag sie zur Zielerreichung leisten. Sie müssen den Sinn ihres Tuns verstehen. Dies gelingt Ihnen etwa im Rahmen des Feedbacks oder des Mitarbeitergesprächs.

- Begreifen Sie Individualität nicht als Hindernis, sondern vielmehr als Chance für Ihr Team. Sie profitieren von verschiedenen Stärken und Talenten und können diese Potenziale gezielt nutzen.

- Sorgen Sie für die Möglichkeit offener Kommunikation und lassen Sie Raum für Ideen, um Kreativität und Innovation zu fördern. Dies stärkt die Eigeninitiative Ihrer Mitarbeiter enorm. Auch sollten Sie darauf achten, Ihre Teammitglieder zur Selbstreflexion anzuregen, ihr eigenes Handeln zu hinterfragen und unkonventionell bzw. neu zu denken.

- Gehen Sie auf die Mitarbeiter und ihre Bedürfnisse ein. Zeigen Sie ihnen, dass sie wichtig sind und begegnen Sie ihnen respektvoll auf Augenhöhe. Bieten Sie immer wieder Ihre Unterstützung an und nehmen Sie dabei Sorgen und Ängste ernst.

Langfristig gesehen führt der transformationale Führungsansatz zu positiven Effekten für die Teamleistung. Die Gruppe wird hinsichtlich der gelebten und verinnerlichten Werte eines jeden einzelnen Mitglieds Schritt für Schritt homogener, was störendes Konfliktpotenzial minimiert. Die transformationale Führung steigert das Vertrauen und die Loyalität der Mitarbeiter durch die stärkere Gruppenkohäsion und die transparente Rollenverteilung. Durch die offene Kommunikationskultur lassen sich Kreativität und Innovationskraft ebenso steigern wie die Motivation und die Leistungsbereitschaft. Generell führt das Konzept bei den Mitarbeitern zu größerer Offenheit für Veränderungen. Insgesamt steigt damit letztlich die Performance Ihres Teams.

Bis es jedoch soweit ist, müssen Sie den Reifungsprozess Ihrer Mitarbeiter steuern und sie für Ihr Wertekonzept gewinnen. Sie befinden sich damit inmitten eines Wandlungsprozesses der tiefsten Überzeugungen und Einstellungen Ihrer Mitarbeiter, sofern sie Ihre Werte nicht ohnehin bereits teilen. Dies bildet die Grundlage für größere Veränderungen auf der Teamebene, die Ihnen durch ein homogenes Mindset deutlich einfacher gelingen. Sie können sich dann der Akzeptanz, ja gar der

Unterstützung Ihrer Mitarbeiter sicher sein, vor allem, wenn sie die Transformation aktiv begleiten und für ihr jeweiliges Tätigkeitsfeld selbst initiieren.

„Wir sind wir": Zusammengehörigkeitsgefühl wecken

Sie haben es endlich geschafft, Ihr Team zusammenzustellen und konnten ausgezeichnete Mitarbeiter für die Erledigung der anfallenden Arbeiten gewinnen. Sie freuen sich bereits auf die hervorragenden Ergebnisse, die Sie von Ihren klugen Köpfen erwarten, doch Sie stellen schon nach kurzer Zeit fest, dass es etwas hakt. Sie fragen sich zurecht, woran das liegen könnte, schließlich haben Sie die Besten ihres Fachs für die zu erfüllenden Aufgaben akquiriert und an einen Tisch geholt. Sie haben die Verantwortlichkeiten klar zugewiesen und die Ziele nachvollziehbar kommuniziert. Sie haben für ausreichende Ressourcen gesorgt und das Arbeitsumfeld entsprechend gestaltet. Weshalb also werden die Teammitglieder Ihren Erwartungen nicht gerecht? Die Antwort steckt letztlich in der Anhäufung von Schwierigkeiten auf der zwischenmenschlichen Ebene. Wenn der Informationsfluss abreißt und jeder Mitarbeiter sich nur noch auf sein spezifisch zugewiesenes Tätigkeitsfeld fokussiert, gerät der Blick für die Ziele ins Hintertreffen, was den Erfolg Ihres Teams gefährden kann. In diesem Abschnitt erfahren Sie, was Sie als Führungskraft aktiv tun können, um Probleme wie diese gar nicht erst aufkeimen zu lassen.

Das Team als soziale Gruppe

Sobald Menschen zusammenkommen und ein gemeinsames Ziel verfolgen – sei es informell, etwa im Freundeskreis, bei Hobbys oder im Sport, oder aber formell, wie etwa am Arbeitsplatz – bilden diese eine soziale Gruppe, die sich erst einmal nach außen hin durch gemeinsame Werte und Normen abgrenzt. Wir alle beeinflussen uns innerhalb dieser Gruppen gegenseitig, ob wir es möchten oder nicht. Menschen werden von ihrer Umwelt geprägt. Hierzu gehört auch die Beeinflussung durch Personen, denen wir regelmäßig begegnen und mit denen wir Zeit verbringen. Dies geschieht in der Interaktion.

Als soziale Gruppe funktioniert Ihre Organisationseinheit nur dann gut, wenn sichergestellt ist, dass jeder mit jedem spricht, ein regelmäßiger gemeinsamer Austausch stattfindet und man sich gegenseitig kennt und vertraut. Dies gelingt optimalerweise bei einer Gruppe von acht bis zehn Personen. Bei mehr als 15 Personen ist es nicht mehr möglich, jedes Teammitglied in der erforderlichen Tiefe zu kennen und es besteht die Gefahr, dass sich innerhalb der Gruppe informell Untergruppen mit wiederum eigenen Werten und Normen bilden. Dann wird es für Sie als Leader schwierig, die Gruppe zu koordinieren und die Gemeinschaft zu fördern.

Soziale Gruppen durchlaufen stets einen Prozess des Bildens (gegenseitiges Kennenlernen), des Entwickelns (Suche und Finden gemeinsamer Werte und Normen unter Konfliktpotenzial), des Performens (Leistungserbringung) und des Auflösens. Stößt ein neues Mitglied hinzu, muss es sozialisiert werden, was bedeutet, dass es die formellen und informellen Normen und Werte kennenlernen muss, um sich in die bestehende Gruppe zu integrieren. Dabei bringt es jedoch wieder neue Impulse, Überzeugungen und Verhaltensmuster mit, sodass der Gruppenbildungsprozess in gewissem Maße von neuem beginnt. Ein neues, komplexes Geflecht von Beziehungsmustern zwischen Ihren Mitarbeitern entsteht.

Als Führungskraft sind Sie Teil dieser Prozesse und können mit wenigen Stellschrauben schon vieles bewirken. Sie sind nicht nur der Kopf Ihres Teams, sondern nehmen immer wieder unterschiedliche Rollen ein. Mal sind Sie Coach, ein anderes Mal Moderator, Controller oder Fachexperte. In Ihren vielen verschiedenen Rollen wirken Sie auf die Beziehungen zwischen Ihnen und Ihren Mitarbeitern, aber auf die Beziehungen innerhalb der Mitarbeiter ein, indem Sie formelle Normen setzen und Erwartungen klar kommunizieren. Dadurch besitzen Sie den größten Einfluss auf das Verhalten Ihres Teams. Immer wieder werden Sie feststellen, dass sich – trotz Ihrer Bemühungen – nicht der erwartete Erfolg einstellt. Daran können Gruppeneffekte Schuld haben. Diese werden Ihnen abhängig von der Motivation, der Leistungsbereitschaft und der Persönlichkeit Ihrer Mitarbeiter immer wieder begegnen. Folgende Gruppeneffekte sollten Sie daher kennen:

- Gruppendenken: Ist die Kohäsion innerhalb der Gruppe zu hoch, kann diese übersteigerte Einmütigkeit dazu führen, dass teils realitätsferne Entscheidungen getroffen werden, um der vermeintlich erwarteten Gruppenmeinung gerecht zu werden. Das einzelne Mitglied passt sein Verhalten also derart an, dass die persönliche Meinung untergeordnet wird, auch wenn sie eigentlich als richtig erachtet wird.

- Unterwürfigkeit: Die Mitglieder der Gruppe folgen ausschließlich der Meinung des Leaders. Sie entwickeln keinerlei eigene Ideen und nehmen alle von ihm getroffenen Entscheidungen vollkommen unreflektiert hin.

100

- Ringelmann-Effekt: Hierunter versteht man das soziale Faulenzen. Gemeint ist damit, dass sich das einzelne Mitglied auf Kosten der anderen Mitglieder ausruht. Je höher die Mitgliederzahl innerhalb Ihres Teams ist, desto weniger fällt der individuelle Beitrag ins Gewicht und desto höher liegt das Risiko des Ringelmann-Effektes.

- Gimpel-Effekt: Decken andere Mitarbeiter das nicht sanktionierte, soziale Faulenzen eines anderen Teammitglieds auf, entsteht das Gefühl, ungerecht behandelt zu werden. Auch sie bemerken, dass die Nicht- bzw. Minderleistung keinerlei Konsequenzen nach sich zieht und springen ebenfalls auf den Zug auf, wodurch sich der Ringelmann-Effekt verstärkt und die Gruppenleistung in der Summe abnimmt.

Ein funktionierendes, leistungsfähiges und motiviertes Team lässt keine Anzeichen für Gruppeneffekte dieser Art erkennen. Letztlich bildet die Zusammensetzung Ihres Teams die Grundlage hierfür. Das zum Anfang dieses Kapitels beschriebene Beispiel der vielen kompetenten Spezialisten, die Teil Ihres Teams sind, welches jedoch die hohen Erwartungen an die Ergebnisse nicht erfüllen kann, zeigt eindrücklich, dass eine zu hohe Homogenität der Gruppenleistung schadet. Generell ist die Gruppenleistung stets höher als die Summe der Einzelleistungen Ihrer Mitarbeiter, jedoch gilt dies nur, wenn die Teammitglieder sich gegenseitig beflügeln und ein Perspektivwechsel stattfindet. Es kommt im Wesentlichen auf die richtige Zusammensetzung des Teams an. Zwar mag die ausschließliche Auswahl von Spezialisten für eine hohe Qualität der Gruppenleistung bürgen, doch entfalten selbst die besten Konzepte kaum Wirkung, wenn sich niemand für ihre Umsetzung begeistert oder für den reibungslosen Kommunikationsfluss innerhalb der Gruppe sorgt.

Sie sollten demnach mehr Heterogenität innerhalb Ihres Teams zulassen und sogar bewusst fördern. Bringen Sie Menschen zusammen, die unterschiedlich Denken und Handeln, damit Ihre Mitarbeiter die Scheuklappen ablegen und ihren Horizont erweitern. Dies wird insbesondere in der Entwicklungsphase Ihres Teams zwar konfliktbehaftet sein, da teils weit entfernte Wertesysteme kollidieren und es einigen Aufwandes sowie viel Geduld bedarf, bis ein gemeinsamer Konsens gefunden wird. Letztendlich ist der Lohn für Ihre Mühen aber ein kreatives Team, das voneinander lernt, Offenheit bewusst lebt und so Veränderungsprozesse und Transformationen bereitwillig und engagiert angeht.

Praxistipp: Zusammensetzung Ihres Teams

Menschen verhalten sich in sozialen Gruppen abhängig von ihrer Position und ihrer Persönlichkeit unterschiedlich. Sie lassen sich anhand der Verhaltensmuster in verschiedene Typen einteilen:

- *Vorsitzender (koordinierende, überwachende Funktion)*
- *Macher (realisierende, tatkräftige Funktion)*
- *Kommunikator (beziehungsfördernde, harmonieschaffende Funktion)*
- *Beobachter (abwartende, prüfende Funktion)*
- *Wegbereiter/Erfinder (inspirierende, kreativitätsfördernde Funktion)*
- *Spezialist/Perfektionist (qualitätsfördernde Funktion)*

Letztlich kommt es auf einen ausgeglichenen Mix der verschiedenen Typen innerhalb des Teams an. Drei Schlüsselfiguren sollten dabei in keinem Team fehlen:

So ist es von Vorteil, einen Mitarbeiter, der das absolute Gegenteil der Führungskraft in Denken und Handeln verkörpert, im Team zu haben. Auf diese Weise lassen sich andere Denkweisen und neue Inspirationsmöglichkeiten gewinnen. Ebenso wichtig ist der Pragmatiker, der sein Augenmerk auf das mit vorhandenen Ressourcen Realisierbare legt und erforderliche Mittel und Wege für die Zielerreichung nüchtern analysiert. Letztlich brauchen Sie auch ein Mitglied, das für die Produkte bzw. Ergebnisse der Gruppe brennt und diese leidenschaftlich verkauft. Es steckt die anderen Mitarbeiter mit seiner Begeisterung an und sorgt für eine positive Grundstimmung innerhalb des Teams.

Kommunikationstraining: Strategien und Tipps für besseres Teamwork

Als Leader sind Sie Teil der gruppendynamischen Prozesse, diesen jedoch nicht hilflos ausgeliefert. Vielmehr haben Sie es in der Hand, das Geschehen zu steuern und Strategien geschickt einzusetzen, um etwa Gruppeneffekte prophylaktisch zu vermeiden.

- *Definieren und kommunizieren Sie Verantwortlichkeiten und Rollen innerhalb der Gruppe klar und deutlich. So wird jedem Teammitglied seine Stellung innerhalb der Gruppe bewusst und Sie ersparen sich zeitraubende informelle Entwicklungsprozesse im Zeichen des Abgleichs individueller Werte und Normen.*

- *Werden Sie sich der Entwicklungsstufe Ihres Teams bewusst und ergreifen Sie die richtigen Maßnahmen.*

- *Zeigen Sie sich offen, um informellen Werten und Normen genügend Raum zu geben und eine zu große Unterdrückung der Individualität eines jeden Mitglieds zu vermeiden.*

- *Achten Sie auf Signale und Warnzeichen, die auf Gruppeneffekte hindeuten. So sind dauerhaft einstimmige Entscheidungen etwa ein Hinweis auf Gruppendenken, den Ringelmann-Effekt oder Unterwürfigkeit. Fragen Sie deshalb gezielt einzelne Mitarbeiter bewusst nach ihrer ehrlichen, persönlichen Meinung. Sie werden Trittbrettfahrer identifizieren und Entscheidungen, die auf Gruppenwerten basieren, erkennen.*

- *Organisieren und koordinieren Sie richtig. Ist Ihre Gruppe zu groß? Es macht durchaus Sinn, diese in zwei oder mehrere Untergruppen zu teilen, bevor Ihr Team ungesteuert in informelle Splittergruppen zerfällt. Auf diese Weise wird es für die Gruppenmitglieder einfacher sein, den Konsens sowie Gehör für ihre individuellen Anliegen zu finden.*

- *Sorgen Sie dafür, dass jedes Teammitglied einen festen Aufgabenbereich bearbeitet, der sich von den anderen Mitgliedern zumindest in Nuancen unterscheidet. Durch die klare Zuordnung von Aufgaben und Verantwortlichkeiten beugen Sie sozialem Faulenzen vor.*

- *Sorgen Sie für einen raschen und reibungslosen Informationsaustausch innerhalb der Gruppe, um die effektive Aufgabenerfüllung zu gewährleisten.*

Führen mit Gruppenwerten und -normen

Die moderne Arbeitswelt ist von einer nie dagewesenen Dynamik geprägt. Wir befinden uns dauerhaft im Wandel, sei es durch die zunehmende Globalisierung, der erstarkende Wettbewerb oder die fortschreitende Digitalisierung von Kommunikation und Prozessen. In Zeiten wie diesen suchen die Menschen mehr denn je Sicherheit und Beständigkeit im Alltag. Es geht darum, ein vertrautes und vertrauensvolles Arbeitsumfeld zu schaffen, das als Rückzugsort vor den permanenten Veränderungen dient. Dabei sind es die Werte, die Vertrauen schaffen, Orientierung geben und Sicherheit vermitteln. Sie sind beständig und lassen sich, anders als Ziele und Strukturen, nicht ohne weiteres transformieren. Vielmehr ist der gezielte Wertewandel ein auf Dauer angelegter Prozess des Überzeugens und der Begeisterung von Mitarbeitern – schließlich betreffen Werte doch die persönlichen Einstellungen von Menschen.

Im Rahmen des Gruppenbildungsprozesses findet sich in der Regel eine gemeinsame Wertebasis, die das Fundament eines kooperativen, von gegenseitigem Vertrauen geprägten Handelns innerhalb der Gruppe bildet. Diese Werte schaffen die Voraussetzung für Kohäsion und eine gemeinsame Kommunikationskultur. Würde jeder Mitarbeiter ausschließlich seinen eigenen, persönlichen Werten folgen, ohne die Absicht, einen Konsens erzielen zu wollen, wäre die Arbeitsatmosphäre angespannt und von dauerhaften, langwierigen Konflikten geprägt. Missgunst und Misstrauen machten sich nicht nur unter den Teammitgliedern, sondern auch in Bezug auf die Führungskraft breit. Ihre Mitarbeiter folgen Ihnen nicht und Sie werden faktisch „entmachtet". Aus diesem Grund gilt es für Sie, zuverlässig als Vorbild zu handeln und die gemeinsam entwickelte Wertebasis als Grundlage für Ihr Tun praktisch vorzuleben. „Walk and Talk" lautet das Stichwort – lassen Sie Worten konsequent Taten folgen. Dies sichert Ihnen Glaubwürdigkeit, Integrität und Autorität. Ihre Mitarbeiter erkennen die Werte in Ihrem Handeln wieder, wodurch Ihr Handeln für sie berechenbar und Ihre Entscheidungen transparent werden.

Entwickeln Sie durch das Vorleben der Wertebasis und Ihrer eigenen, persönlichen Werte, die Sie der Gruppe vermitteln wollen, eine „Persönlichkeitsmarke", sodass Ihre Mitarbeiter Sie und Ihre Überzeugungen kennenlernen. Hierzu ist es – wie so oft – erforderlich, dass Sie in sich gehen und im Rahmen der Selbstbeobachtung herausfinden, wofür Sie eigentlich stehen und wie Sie sich Ihren Mitgliedern gegenüber präsentieren möchten. Sind Sie sich Ihrer persönlichen Einstellung bewusst, ist die Basis für Integrität und Vertrauen, den beiden wichtigsten Werten, geschaffen. Sie bilden die Grundalge für die Werte Verantwortung, Respekt, Offenheit und Nachhaltigkeit, die sich in nahezu allen „gesunden" sozialen Gruppen wiederfinden.

Aus den Werten leiten sich folglich formelle und informelle soziale Normen ab. Sie beschreiben konkrete Verhaltensweisen, die sich im täglichen Zusammenleben der Gruppe herausbilden. Grob gesagt entwickeln sich im Laufe der Zeit Tugenden und Verhaltensmuster, die von den Gruppenmitgliedern geachtet werden und deren Verstoß umgehend sanktioniert wird. Wir Menschen sind soziale Wesen. Wir wollen dazu gehören und in unsere Umwelt fest eingebunden sein. Es ist also unsere Aufgabe, uns bestimmten Regelungen zu fügen, die das Zusammenleben leichter machen, auch wenn sie manchmal unseren eigenen Idealen widersprechen mögen. Die Regeln können geschrieben bzw. klar ausgesprochen (formelle Normen, wie etwa Abmachungen, Vereinbarungen oder Sitzungs-Formalia) oder aber ungeschrieben (informelle Normen, wie etwa Sitzordnung und private Gesprächsthemen) sein. Formelle wie auch informelle Normen sind wichtig, um das Zusammenleben in der Gruppe zu ermöglichen und Aufgaben gemeinsam zu bewältigen. In ihnen spiegelt sich die Identität des Teams wider und sie vermitteln Berechenbarkeit und Verlässlichkeit. Allerdings wirken sich Normen nur dann positiv aus, wenn sie wirklich allen Mitgliedern der Gruppe bekannt sind. Als Führungskraft ist es also Ihre Aufgabe, möglichst viele Normen zu besprechen und zu vereinbaren, um Missverständnissen und unterschiedlichen Erwartungshaltungen – und damit auch Enttäuschung, Frust oder Konflikten – vorzubeugen.

Für die Einhaltung sozialer Normen entwickelt sich innerhalb der Gruppe ein ganz eigenes Kontrollsystem, das von Anerkennung und Sanktionierung lebt. Dies geschieht auf ganz subtile Art und Weise: Verhält sich ein Gruppenmitglied den Normen entsprechend wird es geachtet, tut es dies nicht, wird es von der Gruppe mit Nichtachtung gestraft. Im Extremfall kommt es zur Ausgrenzung und Absonderung einzelner Mitglieder, die häufig gegen soziale Normen verstoßen.

Für Sie gilt es, das komplexe Netz formeller und informeller Normen zu durchschauen und diese gemeinsam mit der Gruppe im Rahmen von Gesprächen so zu verändern, dass sie der Zielerreichung dienlich sind. Hierzu müssen Sie für das Team regelmäßig Zeit zur gemeinschaftlichen Reflexion einplanen. Den Mitgliedern muss selbst bewusst werden, wie der Umgang miteinander gepflegt wird und inwiefern sich dies mit den Zielen der Organisationseinheit vereinbaren lässt. Oft schadet auch der unbehelligte Blick von außen nicht, um problematische informelle Normen aufzudecken.

Kommunikationstraining: Soziale Normen durch neue Mitarbeiter erforschen

Ein neues Teammitglied muss sich zunächst innerhalb der Gruppe sozialisieren, was bedeutet, dass es durch Beobachtung die bestehenden sozialen Normen sowohl formeller als auch informeller Art kennenlernt. Begreifen Sie die Unbedarftheit dieses neuen Mitarbeiters als Chance für „den Blick von außen". Fragen Sie ihn nach einiger Zeit, welche Besonderheiten im Verhalten der Gruppe aufgefallen, was vielleicht gewöhnungsbedürftig und sonderbar erscheint und ob das neue Mitglied diese Handlungsmuster positiv oder negativ bewertet. Ihnen erschließt sich dadurch eine ganz neue Perspektive, die zur Selbstreflexion anregt.

Zwischen den Stühlen? – Rollenbilder einer Führungskraft

Als Führungskraft sind Sie ständig unterschiedlichsten Widersprüchen und Dilemmata ausgesetzt. Sie sollen wichtige Ziele des Unternehmens mit Ehrgeiz verfolgen, ohne aber Ihre Mitarbeiter unter Druck zu setzen. Sie sollen auf einen effizienten Ressourceneinsatz achten, zugleich jedoch Mitarbeiter fördern und entwickeln. Oder aber Sie sollen Verantwortung tragen, erhalten zugleich aber nicht das dafür erforderliche Maß an Handlungskompetenz. Diese Liste der Widersprüche ließe sich beliebig fortsetzen. Sie stehen als Leader permanent zwischen den Stühlen, in einem Spannungsfeld unterschiedlicher Erwartungen. Es gehört zu den Führungsaufgaben, mit diesen Dilemmata zu arbeiten und sie aktiv anzugehen. Mit Kreativität und Geschick gelingt es Ihnen, den Konsens zu finden und einen schonenden Ausgleich herbeizuführen. Doch seien wir ehrlich: Sie können es nicht jedem recht machen. Oft müssen Sie

Erwartungen enttäuschen, seien es die Ihrer Mitarbeiter oder aber die der Unternehmensführung. Auch das ist Teil des Aufgabengebiets einer Führungskraft. Gestehen Sie sich ein, dass es unlösbare Konfliktsituationen gibt, in welchen Sie sich für ein Vorgehen entscheiden müssen. Empfinden Sie die Enttäuschung anderer über Ihr Verhalten aber nicht als Schwäche oder Rückschlag, denn Enttäuschungen gehören zu unserem Leben. Orientieren Sie sich vielmehr an Ihren persönlichen Werten, damit Sie weiterhin integer auftreten und für Ihre Entscheidung voll und ganz einstehen können.

Den zahlreichen Führungsdilemmata liegt ein simples Konzept zugrunde: die Rollentheorie. Jeder von uns besitzt verschiedene Rollen, ob im beruflichen oder aber im privaten Kontext: Wir sind Ehepartner, Elternteil, Vorgesetzter, Mitarbeiter, Vereinsvorsitzender, Fußballtrainer usw. Wir „spielen" unsere vielen Rollen und führen sie gemäß der Erwartungen unserer Mitmenschen aus, indem wir die Anforderungen der Rollensender für uns interpretieren und in konkretes Reden und Handeln umwandeln. Die soziale Rolle setzt sich also aus der Summe der Erwartungen an den jeweiligen Inhaber einer bestimmten Position in der Gruppe oder Organisation zusammen. Die Erwartungen orientieren wiederum sind an der Erfüllung gemeinsamer Werte und Normen. Dadurch schaffen wir es überhaupt erst, uns erwartungskonform zu verhalten. Hinzu kommen ganz persönliche Werte, Wünsche und Vorstellungen, die unser Verhalten unbewusst beeinflussen.

Wir sind als Rollenempfänger also nicht „Opfer" unserer Sender, sondern vielmehr gleichberechtigter „Verhandlungspartner", der im Rahmen der Selbstreflexion aktiv steuernd eingreifen kann, um die eigenen Werte und unsere persönlichen Rollen-Erwartungen an den Sender zurückzuspielen. Als Führungskraft mit entsprechender

Autorität gelingt Ihnen dies gegenüber Ihren Mitarbeitern leichter, als umgekehrt Ihren Mitarbeitern gegenüber Ihnen. Insofern sind Sie klar in der besseren Position, um sich von Rollenerwartungen zu emanzipieren. So sind Ihre Mitarbeiter es etwa gewohnt, auf Ihr Fachwissen zurückzugreifen und Sie um Hilfe zu bitten, sobald ein zu bearbeitender Fall nicht der Norm entspricht. Sie möchten jedoch Ihre Mitarbeiter zu selbständigem Lösen von Herausforderungen animieren und sich selbst entlasten. Es ist daher erforderlich, dass Sie Ihre Mitarbeiter langsam an die Selbstverantwortlichkeit heranführen, indem Sie ihnen erst kleinere Aufgaben stellen und nach und nach die Komplexität steigern. Schließlich sollten sie in der Lage sein, kompliziertere Fälle eigenständig zu bearbeiten, ohne auf Ihre Fachexpertise zurückgreifen zu müssen. Es ist letztlich eine Sache der Kommunikation: Bestärken Sie Ihre Mitarbeiter und zeigen Sie Ihr Vertrauen in ihre Kompetenzen, machen Sie aber auch deutlich, dass Sie selbständiges Arbeiten erwarten und nur in Notfällen als fachlicher Ansprechpartner zur Verfügung stehen. So gelingt es Ihnen Aspekte Ihrer Rolle als Führungskraft abzulegen oder umzudeuten. Hierfür bedarf es Geduld, da sich unter Umständen über Jahre hinweg gebildete Erwartungen nicht von heute auf morgen vollständig umkehren lassen.

Die Dilemmata einer Führungskraft sind also nicht ausweglos, sondern es bestehen stets Spielräume, die es Ihnen erlauben, Ihre eigenen Vorstellungen von Ihrer Rolle als Leader zu realisieren. Begreifen Sie den Weg dorthin als Herausforderung, die es fortan zu meistern gilt.

Das Rollenset einer Führungskraft

Ihre Rolle als Führungskraft besitzen Sie bereits kraft Ihrer Position, also dank Ihres Platzes innerhalb des Organisationsgefüges Ihres Unternehmens. Die Aufgaben und Tätigkeiten eines Leaders sind komplex und vielschichtig. Darum ist Ihre Rolle in mehrere „Teil-Rollen" untergliedert, die abhängig von der jeweiligen Situation und Ihrem Gegenüber zum Tragen kommen. Hier unterscheidet der Management-Forscher Robert Quinn im Rahmen seines Konzepts „Competing Values Framework" insgesamt acht dieser „Teil-Rollen", die das Rollenset einer Führungskraft bilden. Dabei sind die Dimensionen Flexibilität/Stabilität sowie interner Fokus/externer Fokus zur Einordnung der Rollen von Bedeutung.

- **Flexibilität und interner Fokus: Mentor und Facilitator**
  Die Führungskraft sucht stets den Konsens und ist auf die Bedürfnisse ihrer Mitarbeiter bedacht. Sie denkt prozessorientiert, zeigt sich ihren Mitarbeitern gegenüber aber offen, fürsorglich, loyal und fair und unterstützt sie in der persönlichen Weiterentwicklung.

- **Flexibilität und externer Fokus: Innovator und Vermittler**
  Durch hohe Kreativität werden neue Blickwinkel erschlossen, die die Grundlage für Veränderungen bilden. Der Leader zeigt sich als Repräsentant der Gruppe und übt seinen Einfluss nach außen aus, um Ressourcen zu generieren.

- **Stabilität und interner Fokus: Kontrolleur und Koordinator**
  Die Führungskraft ist auf Kontinuität bedacht und pflegt die bestehenden Strukturen. Durch die

Orientierung an Werten und Normen gilt sie als zuverlässig und berechenbar. Sie sammelt und verteilt Informationen und prüft Leistungen analytisch nach.

- **Stabilität und externer Fokus: Produzent und Regisseur**
  Aufgaben- und Ergebnisorientierung stehen im Fokus. Ziele werden formuliert und klare Anweisungen zur Erledigung der Aufgaben ausgesprochen. Die Führungskraft motiviert zu zielorientiertem Handeln der Mitarbeiter.

Quinns Konzept ist so ausgelegt, dass all diese Rollen zumindest in gewissem Maße und abhängig von der Persönlichkeit der Führungskraft ihre Berechtigung besitzen. Sie sind situationsangemessen zu wählen und werden zum Teil auch parallel ausgefüllt. Hierzu ist es erforderlich, Rollenklarheit zu schaffen und das Bewusstsein für die zahlreichen verschiedenen Rollen in sich selbst zu wecken. Nur wenn Sie die Erwartungen richtig wahrnehmen und interpretieren, gelingt es Ihnen, diese in das Rollenset einzuordnen und die passende Reaktion zu finden.

Rollenkonflikte

Sie kennen nun bereits die unterschiedlichen Rollen, die eine Führungskraft ausfüllt und wissen um die Dilemmata, mit der sie immer wieder konfrontiert ist. Dieser Abschnitt soll genau diesen Widersprüchen und ihren Auflösungsstrategien gewidmet sein.

Ihre Rolle als Führungskraft mitsamt allen „Teil-Rollen" ist von unterschiedlichsten Rechten und Pflichten, die sich direkt aus den formellen und informellen Normen der Gruppe ableiten, geprägt. Dabei wird die Erfüllung der

Erwartungen durch positive und negative Sanktionierung kontrolliert, wie dies auch bei den Normen geschieht. Als Führungskraft sind Sie den Sanktionierungen genauso unterworfen, wie jedes andere Teammitglied auch. Allerdings besteht aufgrund der herausgehobenen Position eine Sonderkonstellation. Kraft Ihrer Position sind Sie vor negativer Sanktionierung eher gefeit als andere Teammitglieder, was jedoch nicht bedeutet, dass Sie einen Freifahrschein für das Handeln ganz nach Ihrem Sinne besitzen. Vielmehr ist es Ihr Ziel, sich normenkonform zu verhalten, um Berechenbarkeit zu erzeugen und durch Integrität Vertrauen zu schaffen, das die Basis für Engagement und Leistungsbereitschaft bilden. Gerade als Führungskraft ist es deshalb wichtig, die Erwartungen der Mitarbeiter möglichst zu erfüllen.

Die Sanktionierung Ihres Verhaltens – ob positiv oder negativ – ist abhängig von der Verbindlichkeit der Erwartungshaltung. Während „Muss-Erwartungen" das streng verbindliche Regelverhalten abbilden, stellen „Soll-Erwartungen" das für die Mitarbeiterführung erforderliche Verhalten dar. „Kann-Erwartungen" stützen sich auf Ihr freiwilliges Verhalten. So wird etwa zwingend erwartet, dass Sie Entscheidungen treffen, die den Fortschritt Ihres Teams gewährleisten. Als Führungskraft sollen Sie darüber hinaus fachlicher Ansprechpartner sein, während informelle Gespräche und „Kaffeeklatsch" zu den freiwilligen, aber dennoch vertrauensbildenden Leistungen zählen. Die Verbindlichkeit des Führungsverhaltens ist von Gruppe zu Gruppe unterschiedlich. Je nach Reifegrad, Gewohnheiten und Teamentwicklung können diese stark variieren. Letztlich fällt die negative Sanktionierung nicht erwartungskonformen Verhaltens abhängig von der Verbindlichkeit unterschiedlich stark aus. Werden „Muss-Erwartungen" nicht erfüllt, stellt dies einen Vertrauensbruch dar, dessen Folgen schwerwiegend sein können und bis hin zu Frustration und

Arbeitsverweigerung aufgrund mangelnder Akzeptanz reichen. Achten Sie daher darauf, dass Sie „Muss-Erwartungen" erfüllen und führen Sie sich bei Widersprüchen die Konsequenzen Ihres Handelns stets vor Augen.

Letztlich können auch die Dilemmata unterschiedlicher Art sein. Dessen müssen Sie sich bewusst sein, bevor Sie nach Lösungsstrategien suchen. Bei den drei Rollenkonfliktarten handelt es sich um Interrollenkonflikte, Intrarollenkonflikte sowie um Person-Rollenkonflikte.

- **Interrollenkonflikte**
  Dabei handelt es sich um die klassische Form des Rollenkonflikts. Sie nehmen mehrere Rollen ein, an die unterschiedliche, widerstreitende Erwartungen geknüpft sind, sodass Sie sich entscheiden müssen, welche Rolle sie erfüllen und welche Erwartungen Sie enttäuschen müssen.

  Beispielsweise steht ein wichtiges Projekt, für das Sie verantwortlich sind, vor dem Abschluss. Allerdings gibt es bis zur gesetzten Deadline, die nicht überschritten werden darf, noch einiges zu tun, sodass Sie mehr Zeit im Büro verbringen, vor allem abends. Zugleich sind es aber Ihre Kinder gewohnt, dass Sie sie ins Bett bringen. Dies gehört zu Ihren väterlichen oder mütterlichen Verpflichtungen und Sie wissen, dass Ihre Partnerin oder Ihr Partner über die Vernachlässigung dieser Verpflichtung sehr verärgert sein wird. Andererseits erwartet die Unternehmensführung, dass Sie mit den zur Verfügung gestellten zeitlichen, personellen und finanziellen Ressourcen Erfolge erzielen, wie etwa die Realisierung dieses bedeutsamen Projekts.

Sie stehen nun vor der Entscheidung, Ihre Rolle als verantwortlicher Teamleader zu erfüllen und ihren familiären Verpflichtungen den Rücken zu kehren oder – umgekehrt – Ihre Rolle als Elternteil zu spielen und stattdessen die Erwartungen Ihrer Vorgesetzten zu enttäuschen.

Hier kommt es letztlich auf eine Gewichtung nach Ihren persönlichen Werten sowie die Abschätzung des zu erwartenden Sanktionspotenzials an. Schaffen Sie es, einen Kompromiss herbeizuführen (z. B. indem Sie nach dem Zubettgehen der Kinder noch im Homeoffice weiterarbeiten, auch wenn Sie dann vielleicht mehr Zeit benötigen) oder müssen Sie Erwartungen gänzlich enttäuschen? In jedem Falle werden Sie beiden Rollen nie vollkommen gerecht werden, sodass Sie eine sorgfältige Abwägungsentscheidung treffen müssen.

- **Intrarollenkonflikte**
  Sie bezeichnen Konflikte innerhalb ein und derselben Rolle. Besonders Führungskräfte sind Intrarollenkonflikten ausgesetzt, da Sie das verbindende Glied zwischen Unternehmensführung und ihren Mitarbeitern bilden. Hier stehen Sie bildlich gesprochen zwischen den Stühlen: Einerseits sollen Sie die Unternehmensziele streng verfolgen und effizient mit den gegebenen Ressourcen umgehen, andererseits fordern Ihre Mitarbeiter möglichst weite Gestaltungsspielräume ein, um sich selbst und die eigenen Vorstellungen in das betriebliche Geschehen einzubringen. Ihre Mitarbeiter können darüber hinaus unterschiedliche Erwartungshaltungen an Ihr Führungsverhalten zeigen. So wird manchen daran gelegen sein, dass Sie Entscheidungen treffen und Aufgaben delegieren, während andere Freiheiten schätzen.

Auch zur Lösung von Intrarollenkonflikten bedarf es der Abwägung, welchen Erwartungen der unterschiedlichen Rollensender Sie gerecht werden und welchen nicht. Allerdings treffen Sie hier die Entscheidung innerhalb derselben Rolle, sodass es Ihnen leichter fällt, für sie einzustehen, da sie in jedem Falle Positives in Ihrer Rolle als Führungskraft bewirken. Es bleiben erneut die Abschätzung des Sanktionspotenzials sowie der Einfluss Ihrer persönlichen Werte, welche Ihre Entscheidung beeinflussen.

- **Person-Rollenkonflikte**
  Besondere Aufmerksamkeit verdienen die Person-Rollenkonflikte, denn sie werden vom jeweiligen Rollenträger als besonders belastend empfunden. Davor sind auch Führungskräfte nicht gefeit. Rollenerwartung und Selbstkonzept stimmen nicht überein. Dies bedeutet, dass der Rollenträger einerseits die Erwartungen des Rollensenders zu befolgen hat, um für die Devianz nicht negativ sanktioniert zu werden, andererseits widerstrebt ihm dieses erwartungskonforme Verhalten aufgrund seiner persönlichen Werte und Einstellung. Vielmehr verspürt er das Bedürfnis, die eigene, tief im Inneren verwurzelte Identität zu wahren. Kurzum: Sie müssen entgegen Ihrer eigenen Werte handeln, weil der Einfluss eines Rollensenders bzw. der Gruppe oder die zu befürchtende negative Sanktionierung bei Nicht-Erfüllung der Erwartungen Sie dazu zwingt.

Versetzen Sie sich in folgende Situation: Angenommen Sie sind ein harmoniebedürftiger, friedliebender Mensch, der Konflikte stets zu lösen sucht, indem Kompromisse gefunden werden, die für beide Seiten tragbar sind. Ihnen ist es wichtig, im Gespräch Probleme offen anzusprechen und sie zu lösen. Einer Ihrer Mitarbeiter fällt aufgrund zahlreicher Fehltage auf, sodass die Unternehmensführung entscheidet, den Mitarbeiter zu kündigen. Diese Aufgabe wird Ihnen als direkten Vorgesetzten übertragen. Sie gaben dem Mitarbeiter zuvor immer das Gefühl, wirklich gebraucht zu werden und zwischen Ihnen hat sich ein Vertrauensverhältnis entwickelt. Er rechnet keinesfalls mit einer Kündigung, zumal Sie die Häufung der Fehltage nie angesprochen haben. Auch möchten Sie ihn nicht gehen lassen, da die Arbeitsleistung stets zufriedenstellend war. Das Kündigungsschreiben liegt bereits auf Ihrem Schreibtisch und das anstehende Gespräch, in welchem Sie dem Mitarbeiter den Inhalt des Schreibens eröffnen, steht kurz bevor. Was empfinden Sie?

Dieses Zuwiderhandeln gegen Ihr persönliches Wertekonzept fühlt sich für Sie falsch an und Sie plagen Gewissensbisse. Eine Lösung scheint für Sie unmöglich. Und dennoch gibt es verschiedene Strategien, um mit der Belastung adäquat umgehen zu können.

Kommunikationstraining: Lösungsstrategien für Person-Rollenkonflikte

Da es sich bei Person-Rollen-Konflikten um Prinzipienkonflikte handelt, die sich in wider-streitenden Erwartungshaltungen hinsichtlich der Einstellung ausdrücken, ist es im Wesentlichen von der Persönlichkeit abhängig, wie diesen begegnet wird.

1) Passiv-konfliktausweichende Optionen

Der Rollenträger hat zunächst die Möglichkeit, dem Konflikt aus dem Weg zu gehen und so unangenehme Gedanken und Gefühle zu vermeiden. Er flüchtet vor Konfrontation und entgeht damit sowohl Sanktionen als auch gegebenenfalls erforderlichen Einstellungsänderungen.

- *Abbruch: Der Betroffene verlässt das System, dessen Mitglied er ist und muss sich dem inneren Konflikt daher nicht stellen Dies wäre etwa bei einer arbeitnehmerseitigen, fristlosen Kündigung der Fall. Diese Variante ist jedoch irrational, da der Rollenträger seine Position im Gefüge gänzlich verlieren würde.*

- *Abschottung: Die betroffene Person ist bestrebt, eine zeitliche oder räumliche Trennung von Situationen, die zu widerstreitenden Rollenerwartungen führen könnten, zu erreichen.*

Passiv-konfliktausweichende Handlungsmöglichkeiten mögen zwar dem Rollenträger vordergründig durch die Vermeidungstaktik die drohende Sanktionierung bzw. Infragestellung der Einstellung ersparen, jedoch wird der Konflikt langfristig nicht aufgearbeitet. Deshalb sind diese Verhaltensweisen in jeglicher Hinsicht als dysfunktional zu betrachten.

2) Passiv-konfliktbearbeitende Optionen

Der Rollenträger stellt sich hierbei der inneren Konfliktsituation und versucht das Dilemma selbständig aufzulösen. Auf diese Weise verbirgt er seine wahre Einstellung vor anderen Mitgliedern des Systems und verhindert so die offene Kollision mit sozialen Normen.

- *Echte Loyalität: Die Person fügt sich externer Rollenerwartungen und ändert dadurch ihre Einstellung, indem sie erkennt, dass sie sich mit ihrer bisherigen nicht mehr identifizieren kann. Der Betroffene wurde von der mit der Erwartungshaltung gesendeten Einstellung überzeugt.*

- *Rückzug: Der Rollenträger fügt sich den externen Rollenerwartungen, behält dabei aber seine persönliche Einstellung bei. Er täuscht die Loyalität lediglich vor und unterdrückt dabei sein Bedürfnis, nach den eigenen Prinzipien zu handeln. Es handelt sich dabei um den klassischen Fall von inkonsistentem Verhalten.*

- *Abwägung: Im Rahmen der Abwägung zieht der Rollenträger innerlich Bilanz, indem Sanktions- und Legitimitätsgesichtspunkte gewichtet werden. Er hierarchisiert und setzt im Rahmen dieses kognitiven Vorgangs Prioritäten. Ob hierbei letztlich Sanktions-, Legitimitäts- oder Motivationsdimensionen überwiegen, hängt von der Einstellung des Handelnden ab.*

Das Ergebnis der selbständigen Konfliktbearbeitung ist letztlich offen. Es kann funktional sein, wenn eine neue, erwartungskonforme Einstellung gewonnen wird. Genauso kann es aber auf Dauer dysfunktional wirken, wenn sich der Rollenträger stets zurückzieht und entgegen seiner Prinzipien handelt. Eine gewissenhafte Güterabwägung lässt den Rollenträger Risiken und Chancen abschätzen und führt so zu einer für Sie tragbaren Lösung, die für ihn, je nach Ergebnis, befreiend oder weiter belastend ausfallen kann.

3) Aktiv-konfliktklärende Optionen

Der Rollenträger bearbeitet den Person-Rollen-Konflikt, indem er sich dazu entschließt, den Vorgesetzten als Erwartungsinstanz über das eigene Dilemma zu informieren und so eine für alle Seiten zufriedenstellende Lösung anstrebt. Ziel ist es, Sanktionen zu vermeiden, ohne die eigenen Überzeugungen aufgeben zu müssen.

- *Konsens: Es wird versucht, einen Kompromiss zu erreichen. Der Betroffene sucht das Gespräch zu den Gegnern seines intraindividuellen Konflikts, welche diesen vielleicht nicht erkennen. Durch Verhandlung wird versucht, Verständnis für die eigene prekäre Lage zu erzeugen. Voraussetzung hierfür bildet die Bereitschaft, auch den eigenen Standpunkt in gewissem Maße zu verlassen, um zueinander zu finden.*

- *Überzeugung: Der Rollenträger möchte eine Einstellungsänderung bei seinem Gegenüber bewirken, indem er gewissenhaft Einwände vorbringt und durch neue Informationen versucht, den Vorgesetzten zum Umdenken zu bewegen (ebd.). Diesen Weg wählte etwa die Pressereferentin, indem sie ihre erwartungskonträre Einstellung gegenüber dem Oberbürgermeister mit dem Ziel der Untersagung von Ausflügen des Jugendzentrums in tierpädagogische Erlebniseinrichtungen äußerte.*

Im Idealfall ergibt sich durch die Wahl aktiv-konfliktklärender Optionen ein Konsens, was jedoch nur in den wenigsten Fällen gelingen dürfte. Für den Handelnden ist diese Strategie mit einem hohen Risiko der Verwerfung und mit Sanktionierungen durch das System einhergehend, zugleich bietet sich aber auch die Chance, eine Einstellungsveränderung beim Gegenüber inklusive einer entsprechenden Normanpassung zu erreichen. Daher ist die Wahl dieser Handlungsalternativen abhängig von der Beurteilung der eigenen Verhandlungsbasis des Rollenträgers.

4) Aktiv-konfliktsuchende Optionen

Der Rollenträger sucht nicht die Einigung mit dem Gegenüber, sondern versucht die eigene Einstellung durchzusetzen, auch wenn die Wahrscheinlichkeit, sozial sanktioniert zu werden, deutlich höher ist, als die Chance der Normanpassung, was dem Handelnden durchaus bewusst ist. Seine Mittel sind Sabotage, Whistleblowing oder aber auch der offene Protest.

Die konfliktsuchenden Optionen versuchen die Dilemmata des Betroffenen auf dysfunktionale Art aufzuheben. Doch entwickeln sich durch sie rein innerlich geführte Konflikte zu interpersonellen Konflikten, die Schäden verursachen und so das Eskalationspotenzial erhöhen.

Wie auch immer Sie versuchen, den Person-Rollen-konflikt zu bearbeiten, um die belastende Situation aufzulösen, gehen Sie zuvor in sich und wägen Sie Ihre Entscheidung gründlich ab. Häufig handelt es sich um emotionsgeladene Angelegenheiten, auf welche nicht im Affekt, sondern erst nach reiflicher Überlegung reagiert werden sollte. Nehmen Sie sich also genügend Zeit, um mit Bedacht alle möglichen Lösungen und ihre Konsequenzen gegeneinander abzuwägen.

Rollenstress

Mit den Rollenkonflikten haben Sie bereits eine erste Variante des Rollenstresses kennengelernt. Er tritt auf, wenn die Rollenerwartungen widersprüchlich, inkonsistent, unklar oder überzogen sind. Es fehlt etwa an der Rollenklarheit oder der Rolleninhaber kennt die Konsequenzen seines Handelns nicht. Darüber hinaus kann es zu Rollenstress kommen, wenn die Führungskraft nicht über genügend Ressourcen zur Erfüllung der Erwartungen verfügt, seien sie personeller, finanzieller oder zeitlicher Art, oder aber ihre Kompetenzen betreffend. Häufiger Rollenstress führt zu verminderter Arbeitsleistung bis hin zu ernst zu nehmenden psychischen Folgen, wie etwa zum Burn-out-Syndrom.

Rollenstress sehen sich aktuell zahlreiche Führungskräfte tagtäglich in unterschiedlichem Maße ausgesetzt. Dauerhafter, als stark belastend empfundener Rollenstress muss vermieden werden, um die negativen Auswirkungen auf die Psyche zu verhindern. Suchen Sie daher das offene Gespräch mit den Rollensendern, die durch ihre Erwartungshaltungen Belastungen dieser Art hervorrufen und schaffen Sie Klarheit über die gegenseitigen Anforderungen. Zeigen Sie sich kompromissbereit und verhandeln Sie über Werte und Normen, die den Erwartungen zugrunde liegen. Letztlich muss Ihr Ziel lauten, dass Sie sich mit Ihrer Rolle als Führungskraft identifizieren können und sich selbst und Ihre Persönlichkeit in dieser wiederfinden. Dies kostet häufig Überwindung und nicht immer werden Ihre Bemühungen nach einem Konsens belohnt. Dennoch gilt es, immer wieder den Ausgleich zu suchen und sich verhandlungsbereit zu zeigen. Der Beharrlichkeit ist hier eindeutig der Vorrang vor Resignation und Hinnahme einzuräumen, damit Sie gesunde und effektive Führungsarbeit leisten können.

Mitarbeiter motivieren und ein angenehmes Arbeitsumfeld schaffen

Mitarbeiter sind das höchste Gut eines Unternehmens. Keine Ressource ist von größerer Bedeutung als die humane Ressource. Besonders loyale, motivierte Mitarbeiter sind essenziell, denn sie besitzen breites Wissen und Erfahrung. Letztlich sind sie die Seele der Organisation und haben großen Anteil an der Entwicklung der Unternehmenskultur. Es soll darum gehen, so sollte man zumindest meinen, dass sich ein Unternehmen um die Bindung der Mitarbeiter und für ihre Motivation sorgt. Doch weit gefehlt, denn leider sieht die Realität anders aus. Häufig werden Motivationspotenziale aus purem unternehmerischen Geiz und schlichtem Unverständnis für Sehnsüchte und Bedürfnisse der Mitarbeiter nicht ausgeschöpft. Die Folgen sind sinkende Produktivität und mangelnde Identifikation mit dem Unternehmen. Es kommt zu hoher Fluktuation und der für das Unternehmen so wichtige Mitarbeiterstamm schwindet zusehends.

Wer trägt nun die Schuld an dieser Misere? Die Antwort ist rasch gefunden, denn wie ein Sprichwort besagt, „stinkt der Fisch vom Kopf her". Es sind die Führungskräfte, die dafür verantwortlich sind, das Arbeitsumfeld zu gestalten und ein angenehmes Arbeiten zu ermöglichen. Häufig verfügen sie nicht über das notwendige Maß an Führungskompetenz. In Verbindung mit veralteten Strukturen und der Missachtung von Bedürfnissen ergibt sich eine nur wenig inspirierende Atmosphäre. Mitarbeiter werden nicht in den strategischen Prozess einbezogen, sondern lediglich als ausführende, operative Einheit betrachtet, also lediglich als Mittel zum Zweck. Häufig sehen sich Führungskräfte auch dem wachsenden Druck höherer Hierarchieebenen konfrontiert, sodass ihnen sinnvolle Führungsarbeit weitgehend verwehrt bleibt, auch wenn es sich wünschen würden. Diese Dilemmata wurden im vorangegangenen Kapitel eingehend beleuchtet. Im Folgenden sollen aber die Bedeutung von Motivation und der Weg zu motivierten und engagierten Mitarbeitern fokussiert werden, denn mit der Motivation Ihrer Teammitglieder steht und fällt der Erfolg der von Ihnen geführten Organisationseinheit.

Erkennen Sie die Bedürfnisse Ihrer Mitarbeiter

Im Wort „Motivation" steckt der Begriff „Motiv". All unsere Verhaltensweisen werden von Motiven beeinflusst und gelenkt. Ganz unbewusst erledigen wir Dinge des Alltags wie von selbst, doch auch hinter den natürlichsten und selbstverständlichsten Verhaltensweisen stecken bestimmte Motive. Wenn wir den Rasen mähen, so wollen wir ein gepflegtes Bild nach außen vermitteln. Tanken wir unser Fahrzeug, so wollen wir unsere Mobilität sicherstellen. Gehen wir mit Freunden ins Kino, suchen wir Unterhaltung und möchten uns gegenseitig austauschen.

All unser Handeln ist also stets in irgendeiner Weise „motiviert". Hinter diesen Motiven verbergen sich stets Bedürfnisse, die befriedigt werden wollen. Besonders im beruflichen Kontext lässt sich dies gut beobachten, denn auch unser Handeln am Arbeitsplatz ist von Bedürfnissen verschiedener Art geprägt. Hierzu entwickelte der Sozialwissenschaftler Abraham Harold Maslow ein Konzept, in das sich die unterschiedlichen Bedürfnisse einordnen und die entsprechenden Verhaltensweisen des Einzelnen ableiten lassen. Dieses Modell zur Hierarchisierung der Bedürfnisse eines Menschen wird auch „Maslow'sche

Bedürfnispyramide" genannt. Obwohl bereits seit Jahrzehnten entwickelt, entspricht sie auch heute noch dem Stand der Wissenschaft. Sie dient uns als Grundlage, um zu verstehen, wie Handeln motiviert ist.

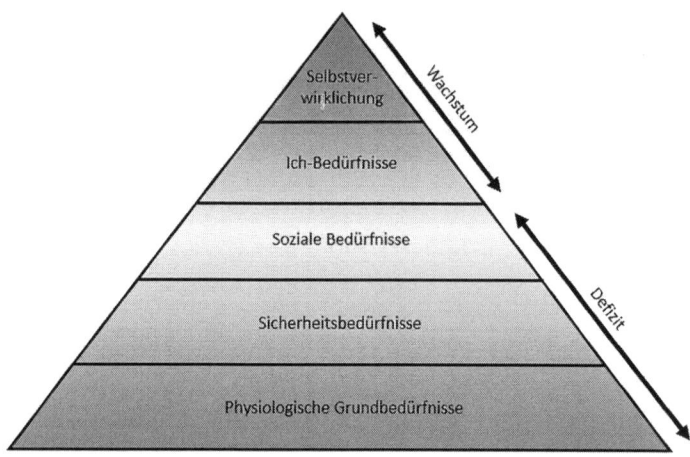

Die Pyramide ist dabei von unten nach oben zu lesen. Bedürfnisse bauen aufeinander auf. Die nächst höhere Stufe kann erst dann erreicht werden, wenn alle darunterliegenden erfüllt sind. Dabei bilden die ersten drei Stufen, die sogenannten „Defizitstufen". Wenn es an ihnen mangelt, stellen sich auf Dauer körperliche und/oder seelische Probleme ein. Ohne sie kann Wachstum nicht stattfinden.

- **Physiologische Grundbedürfnisse:**
  Bei ihnen handelt es sich um Bedürfnisse, die das Überleben eines Menschen überhaupt erst möglich machen, wie etwa Sauerstoff, Nahrung oder Wasser.

  Im beruflichen Kontext bedeutet dies, dass lediglich die grundlegend erwartete Leistung erbracht wird, jedoch keinesfalls etwas darüber hinaus geleistet wird. Der Tätigkeit wird nur nachgegangen, um Einnahmen zur Deckung der Grundbedürfnisse zu erzielen.

- **Sicherheitsbedürfnisse:**
Sie umfassen den Wunsch nach Schutz vor äußeren Einflüssen. So betreffen sie etwa Ordnung und ein stabiles gesellschaftliches und politisches System, jedoch auch finanzielle und soziale Absicherung in diesem System.

Bezogen auf die Arbeitswelt kann von einem nicht engagierten Mitarbeiter ausgegangen werden, der die Arbeitsstelle nur als Mittel zum Zweck betrachtet, um Einnahmen zu erwirtschaften.

- **Soziale Bedürfnisse:**
Gelten die ersten beiden Bedürfnisstufen als erfüllt, so entfaltet sich das Bedürfnis nach Geltung und sozialer Bindung. Der Mensch ist ein soziales Wesen, weshalb es ihm wichtig ist, Teil der Gesellschaft sowie einzelner Gruppen zu sein. Er möchte seinen Platz in der sozialen Gruppe und seine Rolle darin wahren.

Werden soziale Bedürfnisse am Arbeitsplatz erfüllt, fühlen sich Mitarbeiter als Teil von etwas Größerem, entwickeln aber keine spezifische Bindung zum Unternehmen. Das Engagement hält sich in Grenzen.

- **Ich-Bedürfnisse:**
Ist auch das Bedürfnis nach sozialer Eingebundenheit erfüllt, so strebt der Mensch nach Anerkennung, Wertschätzung und Macht. An dieser Stelle wird die Schwelle zu den Wachstumsbedürfnissen überschritten. Die Erfüllung der Individualbedürfnisse ist an die unterschiedlichen Ziele und Selbstkonzepte des Menschen gebunden.

Die Mitarbeiter, deren Ich-Bedürfnisse erfüllt werden, wissen um ihren Beitrag zum Gesamtergebnis und erkennen, dass ihre Arbeit von Bedeutung hierfür ist. Deshalb engagieren sie sich und sind bereit, am Erfolg mitzuwirken.

- **Selbstverwirklichung:**
  Besitzt der Mensch schließlich auch Geltung und wird er wertgeschätzt, so strebt er schließlich nach der vollkommenen Persönlichkeitsentfaltung im Rahmen seiner Tätigkeit. Er möchte in seinem Leben Sinn stiften, kreativ sein und seine Fähigkeiten sowie seine Persönlichkeit zum Ausdruck bringen.

  Mitarbeiter, die sich am Arbeitsplatz selbst verwirklichen können, sind hoch engagiert, gehen ihrer Tätigkeit bereitwillig und gerne nach und möchten auch andere hierzu inspirieren.

Bedürfnisse und deren Befriedigung bilden also das Fundament für Motivation und Leistungsbereitschaft. Als Führungskraft sollten Sie stets auf die Bedürfnisse Ihrer Mitarbeiter bedacht sein und diese bei der Einordnung ihres Verhaltens im Blick behalten. Abhängig davon lässt sich der Motivationsgrad beurteilen und gezielte Maßnahmen zur Steigerung der Motivation Ihrer Mitarbeiter entwickeln.

Wie gelingt Motivation?

Die Motive, die Menschen zu bestimmten Verhalten antreiben, können intrinsischer und extrinsischer Art sein. Häufig wird der Fokus in Unternehmen auf die extrinsische Motivation gelegt, was bedeutet, dass äußere Anreize das Verhalten des Mitarbeiters lenken sollen. So werden etwa Beförderungen, Geld, Boni,

Freizeitausgleich oder ähnliches geboten, um Mitarbeiter zu motivieren. Diese Mittel sind mess- und vergleichbar und stellen daher gut gemeintes Zuckerbrot seitens des Arbeitgebers dar. Die Motivationssteigerung gelingt tatsächlich, jedoch ist der Effekt nur von kurzer Dauer, wenn sich an den Rahmenbedingungen für die jeweilige Arbeitsleistung ansonsten nichts verändert. Motivation lässt sich eben nicht kaufen und auch die Mitarbeiterbindung wird dadurch nicht erhöht.

Vielmehr kommt es deshalb auf die Förderung der intrinsischen Motivation, der Motivation von innen heraus, an. Intrinsisch motivierte Mitarbeiter zeigen überdurchschnittliche Leistungsbereitschaft, sind dazu bereit, für die gemeinsame Sache Überstunden aufzubauen und als Gruppe an einem Strang zu ziehen, um die gesetzten Ziele zu erreichen. Sie treten mit Freude an die Arbeit heran, da ihre Tätigkeiten Sinn stiften und sie ihren Beitrag zu den übergeordneten Zielen genau kennen. Sie bringen sich ein, da sie wissen, dass ihre Leistungen wertgeschätzt und anerkannt werden. Bezogen auf das Bedürfnismodell nach Maslow ist hier davon auszugehen, dass sämtliche Defizitbedürfnisse als erfüllt gelten und sich der intrinsisch motivierte Mitarbeiter im Bereich der Wachstumsstufen wiederfindet.

Um nun im Detail herauszufinden, was Mitarbeiter langfristig motiviert, hilft ein weiteres Modell, das die Rahmenbedingungen, die es zunächst zu erfüllen gilt, um Motivation zu schaffen, absteckt. Es handelt sich um die 2-Faktoren-Theorie nach Frederick Herzberg. Er erkannte in den späten 1950er Jahren analog zum Konzept von Maslow, dass es bestimmte Anforderungen, sogenannte Hygienefaktoren, zu erfüllen gilt, bevor Motivatoren zu Arbeitszufriedenheit führen können.

Werden Hygienefaktoren nicht erfüllt, sind Mitarbeiter nicht nur nicht motiviert, sondern es stellt sich langfristig sogar Unzufriedenheit ein. Dies ist etwa der Fall, wenn die Entlohnung unzureichend ist, es an Sicherheit und Stabilität im Unternehmen mangelt, schlechte Personalpolitik betrieben wird oder es an den Führungsqualitäten des Leaders mangelt. Auch gute Arbeitsbedingungen und stabile zwischenmenschliche Beziehungen zur Führungskraft und den Kollegen werden als Hygienefaktoren vorausgesetzt. Doch selbst wenn das Arbeitsumfeld und die Rahmenbedingungen als „hygienisch rein" wahrgenommen werden, stellt sich noch keine Motivation ein.

Hierzu gilt es, intrinsische Faktoren zu aktivieren, die auf Anerkennung und Status gerichtet sind und letztlich die Selbstverwirklichung zum Ziel haben. Sie werden Motivatoren genannt und bilden auf der Maslow'schen Bedürfnispyramide die beiden obersten Stufen, die persönliches Wachstum ermöglichen. Zu ihnen zählen etwa der persönliche Erfolg, der sinnstiftende Arbeitsinhalt, die Verantwortung, die persönliche Weiterentwicklung, eine gewisse Anerkennung und Wertschätzung sowie das berufliche Fortkommen. Fehlen diese Motivatoren, ergibt sich noch keine Unzufriedenheit, sofern die Hygienefaktoren als erfüllt betrachtet werden. Letztere bilden jedoch, wie bereits erwähnt, das Fundament, auf welchem Motivation aufgebaut werden kann.

Analysieren Sie also das Arbeitsumfeld Ihres Teams und hinterfragen Sie kritisch, ob die Hygienefaktoren, die durchaus auch als „Standards" bezeichnet werden könnten, in Ihrer Organisationseinheit erfüllt sind. Stellen Sie Mängel fest, suchen Sie nach den Ursachen und versuchen Sie herauszufinden, wie Sie diese langfristig beseitigen können. Nur dann macht es Sinn, sich über Motivatoren Gedanken zu machen.

Praxistipp: Gewährleistung von Hygienefaktoren und Schaffung von Motivatoren

Zunächst gilt es, die Hygienefaktoren sicherzustellen, um Unzufriedenheit vorzubeugen bzw. Abhilfe zu schaffen:

- *Arbeiten Sie mit Zielen und kommunizieren Sie diese regelmäßig, um Orientierung zu bieten und die übergeordnete Strategie erkennen zu lassen.*

- *Schaffen Sie Vertrauen und verhalten Sie sich erwartungskonform. Sprunghaftigkeit verwirrt Ihre Mitarbeiter.*

- *Nehmen Sie sich das räumliche Arbeitsumfeld vor: Welche Mängel erkennen Sie? Können Ihre Mitarbeiter in angemessener Atmosphäre arbeiten? Besitzen Sie die notwendige Ruhe, um ihren Tätigkeiten nachzugehen? Sind die Räume ansprechend gestaltet und bestehen Rückzugsmöglichkeiten für informelle Kontakte und Interaktionen? Wie sind die Lichtverhältnisse? Wie beurteilen Sie die Farbgebung? Bieten die Arbeitsplätze genügend Platz oder finden Ihre Mitarbeiter beengte Verhältnisse vor?*

- *Betrachten Sie die zwischenmenschlichen Beziehungen in Ihrem Team: beobachten Sie Verwerfungen? Werden einzelne Teammitglieder ausgegrenzt? Bildet Ihr Team eine Einheit? Wie ist Ihr eigenes Verhältnis zu einzelnen Gruppenmitgliedern? Gibt es Spannungen und Reibungspunkte, die das Verhältnis belasten?*

Sind die Hygienefaktoren erfüllt, ist es ratsam, Motivatoren zu aktivieren, um die Arbeitszufriedenheit aktiv zu steigern. Diese Maßnahmen fokussieren die Schaffung von Gestaltungsspielräumen, innerhalb welcher Kreativität und Entfaltung der eigenen Persönlichkeit stattfinden können:

- Weiten Sie die Verantwortungsbereiche Ihrer Mitarbeiter aus, sorgen Sie aber zugleich dafür, dass Sie die erforderlichen Kompetenzen und Ressourcen mitübertragen.

- Übertragen Sie besonders fachlich starken Teammitgliedern Spezialaufgaben in alleiniger Verantwortung und kontrollieren Sie dabei lediglich den Grad der Zielerreichung.

- Sorgen Sie für Transparenz, indem Sie Wissen, das für die Bearbeitung der Aufgaben erforderlich ist, weitergeben, damit sich Ihre Mitarbeiter nicht von Ihnen abhängig machen müssen.

- Beschränken Sie sich bei der Kontrolle weitgehend auf die Ergebnisse und greifen Sie in die Prozessgestaltung nur bei offensichtlicher Ineffizienz oder bei absehbarer Verfehlung der Ziele ein.

- Lassen Sie Ihre Mitarbeiter direkt mit den Kunden kommunizieren, ohne sich als Vermittler zwischenzuschalten.

- Regen Sie aktiv zu Kreativität an, indem Sie der Gruppe gemeinschaftlich zu lösende Aufgaben stellen und setzen Sie auf die gegenseitige Inspiration Ihrer Mitarbeiter.

Motivation fördern: Leistungsbereitschaft und Produktivität nachhaltig steigern

Nun wissen Sie, dass es Bedürfnisse sind, die unser Handeln bestimmen und dass zunächst Hygienefaktoren für ein angenehmes Arbeitsumfeld erfüllt sein müssen, bevor mittels Motivatoren Arbeitszufriedenheit geschaffen werden kann. Wie aber lässt sich nun die intrinsische Motivation, das Handeln aus innerem Antrieb, Ihrer Mitarbeiter gezielt und bewusst fördern?

Zunächst ist es wichtig zu wissen, dass sich der Grad der Motivation Ihrer Mitarbeiter nicht messen lässt. Die intrinsische Motivation Ihrer Mitarbeiter können Sie ausschließlich an deren Verhalten spüren. Öffnen Sie sich Ihnen und unterbreiten Sie selbständig Optimierungsvorschläge? Übernehmen sie bereitwillig neue Aufgaben und gehen sie Herausforderungen aktiv an? Entwickeln Sie von sich aus neue Ideen, die in direkter Verbindung mit den Zielsetzungen stehen? Zeigen sie sich hilfsbereit anderen Teammitgliedern gegenüber? Zeigen Ihre Mitarbeiter am Arbeitsplatz Leidenschaft und Freude, können Sie sich sicher sein, dass sie intrinsisch hoch motiviert arbeiten.

Der intrinsischen Motivation ist zwar der Vorrang zu geben, dennoch sollen extrinsische Faktoren nicht vollständig ausgeblendet werden, da gerade sie auch als Anerkennung und Wertschätzung der erbrachten Leistungen zu verstehen sind und den Mitarbeitern zeigen, dass ihr überdurchschnittlicher Einsatz belohnt wird. Deshalb sollten Sie beide Motivationsarten parallel zum Einsatz bringen. Achten Sie allerdings bei der Belohnung darauf, dass diese zeitnah nach der zu würdigenden Leistung erfolgt. Auch sollte dem Mitarbeiter bekannt sein, dass Sie die Anerkennung für eine spezifische

Leistung erhalten, damit sie die Wertschätzung richtig deuten können und erkennen, was Ihnen als Führungskraft wichtig ist.

Intrinsische Motivation bringt viele Vorteile, wie etwa hohe Leistungsfähigkeit, Engagement und durchaus gesteigerte Lernbereitschaft. Sie bildet die Basis für Flexibilität im Denken, für Offenheit und Kreativität. Insgesamt sind intrinsisch motivierte Menschen zufriedener und haben Spaß an den Tätigkeiten, die sie ausüben. Die gute Nachricht ist: Die intrinsische Motivation lässt sich gezielt steigern. Echter, innerer Antrieb lässt sich zwar nicht erzwingen, dennoch können Sie als Führungskraft dazu beitragen, die Grundlage hierfür zu schaffen. Um langfristig erfolgreich zu sein, helfen Ihnen folgende Tipps zur Steigerung der intrinsischen Motivation Ihrer Mitarbeiter:

- Spontane Wertschätzung für Leistungen: Anerkennung ist für Ihre Mitarbeiter wichtig. Sie sind engagiert und wissen, dass sie mehr als verlangt leisten. Hierfür erwarten Sie von Ihnen als Führungskraft eine gewisse Gegenleistung. Diese muss nicht immer materiellen Wert besitzen. Vielmehr zählen auch lobende, konkrete Worte im Rahmen des Feedbacks. Überraschen Sie sie dabei mit Kleinigkeiten, etwa indem Sie sie früher in den Feierabend entlassen oder dem gesamten Team spontan Pizza oder Eis spendieren.

- Zeigen Sie Interesse: Wer sich für seine Mitarbeiter und ihr Wohlergehen interessiert, der erntet Vertrauen und Sympathie. Stellen Sie Ihren Teammitgliedern Fragen und bewundern Sie sie für ihre Stärken.

- Setzen Sie erreichbare Ziele: Nichts motiviert mehr als das Feiern von Erfolgen. Besonders groß ist die Freude, wenn zuvor gesetzte Ziele erreicht werden.

Überfordern Sie Ihre Mitarbeiter also nicht mit überzogenen Zielvorstellungen, sondern bleiben Sie realistisch. Suchen Sie die individuellen Ziele im gemeinsamen Gespräch.

- Bleiben Sie stets dankbar: Ihre motivierten Mitarbeiter leisten Großartiges. Sie sind es, die mit ihrem Engagement für den reibungslosen Ablauf des Tagesgeschäfts sorgen. Vergessen Sie daher nicht, ihnen regelmäßig für ihren Einsatz zu danken, sonst könnten die guten Seelen Ihres Teams bald schon das Gefühl bekommen, nur ausgenutzt zu werden.

- Binden Sie Ihre Mitarbeiter in die Entscheidungsfindung ein und lassen Sie von Spezialisten Vorschläge entwickeln: Ihre Mitarbeiter werden sich als Teil des Systems fühlen, wenn Sie ihre eigenen Ideen in die betrieblichen Abläufe einbringen können. Dies steigert die Identifikation mit dem Unternehmen enorm.

- Verurteilen Sie niemanden für seine Fehler: Fehler können immer passieren und schließlich sind auch Sie nicht perfekt. Sehen Sie die Fehler Ihrer Mitarbeiter als Erfahrung sowie als Chance, daraus zu lernen.

- Seien Sie Vorbild für Ihre Gruppe: Wollen Sie respektiert werden, müssen Sie auch respektvoll mit Ihren Mitarbeitern umgehen. Die Werte, die Sie versuchen, Ihren Mitarbeitern zu vermitteln, müssen Sie selbst vorleben, um ihnen zu beweisen, dass Sie persönlich für diese einstehen und all Ihr Handeln danach ausrichten. Das erzeugt Konsequenz, Verlässlichkeit und Integrität.

- Kommunizieren Sie richtig: Sprechen Sie Ziele, Erwartungen und Probleme klar an und formulieren Sie positiv. Finden Sie in Anpassung an die jeweilige Situation stets einen angemessenen Ton.

- Nehmen Sie auch das Arbeitsumfeld ins Visier: Auch wenn die Hygienefaktoren erfüllt sind und das Arbeitsumfeld von Ihren Mitarbeitern als angemessen oder sogar angenehm empfunden wird, so lassen sich mit einigen Stellschrauben dennoch motivierende Akzente setzen, etwa indem Sie die Arbeitszeiten flexibilisieren, Weiterbildungsmaßnahmen anbieten und gemeinsam mit Ihren Mitarbeitern an deren Karriereplanung arbeiten.

- Sprechen Sie mit Ihren Mitarbeitern: Last but not least ist es von großer Bedeutung, dass Sie sich regelmäßig mit Ihren Mitarbeitern austauschen und den Dialog suchen. Führen Sie Mitarbeitergespräche, in welchen Sie an Zielen und Aufgaben arbeiten, Meilensteine setzen und vor allem Feedback zur geleisteten Arbeit geben – ob positiv oder negativ. Holen Sie auch das Feedback Ihrer Mitarbeiter zu Ihrer Führungsarbeit ein und seien Sie dabei für konstruktive Kritik offen, denn auch Sie erwarten Kritikfähigkeit von Ihren Mitarbeitern.

Gehalt, Status und Macht können durchaus Anreize für Mitarbeiter sein, sich zu engagieren, doch letzten Endes ist nichts wichtiger, als ein angenehmes, harmonisches Arbeitsumfeld vorzufinden und sich in einer Gruppe wohlzufühlen. Nur wenn dies gegeben ist, kann sich echte Loyalität zum Unternehmen entwickeln. Von besonderer Bedeutung ist für Sie bei der Steigerung der intrinsischen Motivation der Teammitglieder, dass auch Sie aus eigenem Antrieb tätig werden und zu den Veränderungen stehen. Sie müssen Ihren Mitarbeitern authentisch vermitteln, dass Sie der festen Überzeugung sind, dass Veränderungen die gewünschten Effekte auch tatsächlich erzielen. Handeln Sie nur halbherzig, werden Ihre Mitarbeiter dies rasch identifizieren. Bleiben Sie also authentisch und verhalten Sie sich tatsächlich auch nur so, wie Sie es für richtig halten und wie es sich mit Ihrer Persönlichkeit vereinbaren lässt.

Mitarbeitergespräche führen

Zweifelsohne gehören Mitarbeitergespräche zu den größten Herausforderungen einer Führungskraft. Häufig werden sie als lästig empfunden und teilweise sogar gänzlich gescheut. Schließlich gehört es zu einem konstruktiven Mitarbeitergespräch, den Mut aufzubringen, um Kritik zu äußern sowie alles offen und ehrlich zu bewerten. Allzu oft schrecken Leader davor zurück, um ihr Gegenüber nicht zu verletzen und möglicherweise dadurch zu demotivieren. Schlimmer als der möglicherweise drohende Groll des Mitarbeiters wiegt jedoch die unausgesprochene, schwelende Unzufriedenheit der Führungskraft mit den Leistungen des Mitarbeiters. Wie soll dieser auch erkennen, dass er Ihren Erwartungen nicht genügt?

Mitarbeitergespräche stellen daher ein bedeutendes Tool dar, um die Beziehung zwischen Mitarbeiter und Führungskraft erfolgreich zu gestalten, gegenseitiges Vertrauen zu schaffen und eine offene Kommunikationskultur zu implementieren. Verstehen Sie Personalgespräche als Chance, sich mit Ihren Teammitgliedern auszutauschen, über Sachthemen zu sprechen, Ziele zu vereinbaren sowie Maßnahmen zur Optimierung der Abläufe und Beziehungen innerhalb des Teams gemeinschaftlich auszuarbeiten. Letztlich trägt dieser regelmäßige Dialog zur Weiterentwicklung Ihres Mitarbeiters bei. Er weiß genau woran er ist. Kommunizieren Sie Ihre Wünsche und Erwartungen präzise und ehrlich.

Doch auch das Führen von Mitarbeitergesprächen will gelernt sein. Worauf es ankommt, was Sie bei der Interaktion beachten müssen und wie Ihre Mitarbeiter in jedem Falle gestärkt aus dem Gespräch hervorgehen, erfahren Sie in diesem Kapitel. Zuvor gilt es jedoch, die

Basis für erfolgreiche Kommunikation im Personalgespräch zu schaffen: Lernen Sie, konstruktives Feedback zu geben.

Regeln für richtiges Feedback

Feedback bedeutet, dass Sie Ihre Eindrücke vom Verhalten oder den Leistungen Ihres Mitarbeiters an diesen zurückmelden. Dies kann in positiver oder auch in negativer Hinsicht der Fall sein. Häufig machen Führungskräfte den Fehler und äußern sich überhaupt nicht zu Vorfällen, Ereignissen und besonderen Leistungen ihrer Mitarbeiter, getreu dem Motto: „Nicht geschimpft ist des Lobes genug." Oder aber sie ignorieren Fehlverhalten und sehen über Verstöße hinweg. Dies kann langfristig negative Folgen für die Teamleistung nach sich ziehen, da sich zum einen andere Teammitglieder unfair behandelt fühlen könnten und es zum anderen den Mitarbeitern an Orientierung fehlt. Scheuen Sie sich also nicht, auch vermeintliche Kleinigkeiten anzusprechen. Gerade sie bergen das größte Konfliktpotenzial.

Auch wenn Sie es gut meinen und Feedback geben möchten, kann es dabei zu einigen Missverständnissen kommen, die Ihren Mitarbeiter mehr verwirren, als ihn wirklich unterstützen. Damit Ihre Rückmeldungen die gewünschten Effekte erzielen, also den Mitarbeiter motivieren oder er sein Verhalten ändert, müssen Sie einige Punkte beachten:

- Bringen Sie die Intention Ihres Feedbacks klar zum Ausdruck. Beziehen Sie sich dabei auf ein ganz spezifisches Ereignis, einen bestimmten Erfolg oder eine Beobachtung, über die Sie sprechen möchten. Nur so kann Ihr Mitarbeiter einordnen, was Sie Ihm mitteilen möchten und sein Verhalten entsprechend ausrichten.

- Wählen Sie den richtigen Zeitpunkt für Ihre Rückmeldung. Keinesfalls sollten Sie Ihr Feedback lange hinauszögern, denn dann bleiben Lerneffekte aus und die motivierende Wirkung Ihrer Worte verlieren an Kraft. Sie sollten aber gerade bei kritischem Feedback und Konflikten einige Tage vergehen lassen, bis Sie sich dazu äußern, um die emotional geladene Situation nicht noch weiter zu befeuern.

- Suchen Sie das Gespräch nicht nur bei Kritik, sondern loben Sie auch. Zeigen Sie Ihren Mitarbeitern, was Sie an ihrer Arbeit und ihren Leistungen begeistert und erkennen Sie diese an.

- Kritisieren oder loben Sie nicht nur, sondern zeigen Sie in jedem Fall auch veränderbares Verhalten auf und kommunizieren Sie Ihre Erwartungen klar und deutlich. Auch bei Lob ist es möglich, noch etwas zu verbessern. Schlagen Sie Ihrem Gegenüber Alternativen vor.

- Nehmen Sie Rücksicht auf die Bedürfnisse und die Persönlichkeit Ihres Mitarbeiters. Manche Menschen sind dringend auf häufiges und regelmäßiges Feedback angewiesen, um Bestätigung für das eigene Handeln zu erfahren. Andere hingegen benötigen die Rückmeldung lediglich im Rahmen der jährlich stattfindenden Beurteilungsgespräche. Es handelt sich dabei in der Regel um Mitarbeiter, die ihrer Arbeit ohnehin intrinsisch hoch motiviert nachgehen.

- Begründen Sie Ihr Feedback. Gehen Sie auf die Ursachen Ihres Eindrucks ein und schildern Sie die Folgen für den Erfolg des Teams, die Zusammenarbeit oder die Zielerreichung. Der betreffende Mitarbeiter muss nachvollziehen und verstehen können, wie Sie zu Ihrem Schluss gelangen und den Grund hierfür erkennen.

- Verpacken Sie Kritik nicht immer zwischen lobenden Worten. Zwar mag es Ihnen auf diese Weise leichter fallen, sich kritisch über das Verhalten oder die Leistungen des Mitarbeiters zu äußern, indem Sie zugleich Ihre Wertschätzung für das übrige Verhalten zum Ausdruck bringen, doch langfristig werden Ihre Mitarbeiter Sie durchschauen und rasch feststellen, dass nach dem Lob der „unangenehme Teil" folgt. Damit verflüchtigt sich der ausgleichende Effekt des Lobes. Trennen Sie stattdessen Lob und Kritik häufiger, um Motivation bzw. Verhaltensänderungen zu bewirken.

Kommunikationstraining: Feedback äußern

Keinesfalls sollte Ihr Feedback ruppig oder floskelhaft wirken, da ansonsten die Glaubwürdigkeit des Gesagten leidet. Auch sollten Sie Feedback nicht vor anderen Teammitgliedern oder „zwischen Tür und Angel" geben. Nehmen Sie sich stattdessen Zeit für die Rückmeldung und suchen Sie den Dialog mit Ihrem Mitarbeiter. Bei der richtigen Formulierung hilft Ihnen die bewährte WWW-Methode:

W – Wahrnehmung: Beschreiben Sie Ihre Eindrücke aus Ihrer persönlichen Perspektive („Mir fällt auf, dass ..." oder „Ich habe den Eindruck gewonnen, dass ...")

W – Wirkung: Erläutern Sie, was die Beobachtung in Ihnen auslöst, begründen Sie Ihre Wahrnehmung und zeigen Sie Zusammenhänge auf („Auf mich wirkt dies ..." oder „Dies führt meiner Ansicht nach dazu, dass ...")

W – Wunsch: Bringen Sie klar zum Ausdruck, welches Verhalten Sie erwarten und was Sie sich für die Zukunft wünschen („Ich wünsche mir, dass ..." oder „Ich erwarte mir für die Zukunft, dass ...")

Geben Sie in jedem Fall auch Ihrem Gegenüber die Gelegenheit zur Stellungnahme und ggf. für Rückfragen. Bleiben Sie bei der Wortwahl authentisch und vermeiden Sie es, aufgesetzt zu wirken, da ansonsten die Ernsthaftigkeit Ihres Feedbacks in Frage gestellt wird.

Mitarbeitergespräche: sicher auftreten & Mehrwert schaffen

Im Gegensatz zu den Feedbacks gehen die Mitarbeitergespräche über die Alltagskommunikation hinaus. Sie sind in gewisser Weise institutionalisiert und haben ein deutlich höheres Gewicht als einfache Rückmeldungen. Dennoch sind hinsichtlich der Äußerung von Lob und Kritik dieselben Maßstäbe wie bei einem Feedback zu beachten, um einen erfolgreichen Verlauf gewährleisten zu können. Am Ende soll Ihr Mitarbeiter seinen Aufgaben motiviert und zielorientiert nachgehen.

Personalgespräche finden entweder regelmäßig statt, etwa zum Jahres-, Halbjahres- oder Quartalsgespräch sowie zur Beurteilung der Leistungen oder aber anlassbezogen, wenn Projekte abgeschlossen oder Meilensteine erreicht wurden sowie wenn Konflikte auftreten und Kritik geäußert werden muss. Zielvereinbarungsgespräche und Kritikgespräche bilden Sonderformen des Mitarbeitergesprächs. Ihre Spezifika werden im Anschluss an die allgemeinen Ausführungen zu Personalgesprächen erläutert.

Sehen Sie das Mitarbeitergespräch als Chance, sich einem Mitarbeiter für eine gewisse Zeit voll und ganz zu widmen und sich mit ihm über seine und Ihre Vorstellungen im beruflichen Kontext auszutauschen. Darum ist es wichtig, dass immer Sie als direkter Vorgesetzter es sind, der die Gespräche führt. Eine Delegation darf nicht erfolgen. Es findet stets unter vier Augen statt. Dadurch schaffen Sie Vertraulichkeit, was die beiderseitige Offenheit und Ehrlichkeit fördert. Ihr Mitarbeiter soll schließlich aussprechen, was er denkt und fühlt und nicht, was er glaubt, sagen zu müssen, um Sie zufrieden zu stimmen.

Die Inhalte von Mitarbeitergesprächen können vielseitig und facettenreich sein. So zielen sie etwa auf die Besprechung von Leistungen und Verhalten ab, dienen der individuellen Zielsetzung sowie der Entwicklung beruflicher Perspektiven des Einzelnen. Auch bei der Übertragung neuer Aufgabenbereiche, Kompetenzen und Verantwortung sowie zur Unterstützung bei beruflichen wie privaten Problemen dienen Personalgespräche. Versuchen Sie nicht alle Themen in einem Gespräch zu umreißen, sondern beschränken Sie sich auf einige wenige Inhalte. Schweifen Sie während des Dialoges nicht ab, sondern behalten Sie den Fokus bei. So wirkt das Mitarbeitergespräch nicht unkoordiniert und überfrachtet und Sie behalten den Überblick. Auf diese Weise lassen sich konkrete Vereinbarungen treffen und Sie können ausgiebig über die ausgewählten Themen sprechen.

Das Mitarbeitergespräch bedarf intensiver Vor- und Nachbereitung. Sie müssen sich vorab Gedanken machen, welche Inhalte Sie Ihrem Mitarbeiter vermitteln möchten. Darüber hinaus gilt es, die Besprechung zu organisieren und einen Zeitplan zu erstellen.

Was Sie vor dem Mitarbeitergespräch beachten müssen:

- Sorgen Sie für eine angenehme, entspannte Atmosphäre und achten Sie darauf, dass Sie während des Gesprächs ungestört bleiben.

- Laden Sie Ihren Mitarbeiter frühzeitig zum Gespräch ein, damit dieser sich entsprechend darauf vorbereiten kann. Handelt es sich um ein regelmäßiges Gespräch, sollten Sie den Termin etwa drei Wochen vorab ankündigen. Bei anlassbezogenen Mitarbeitergesprächen ist der Zeithorizont entsprechend kürzer zu wählen, um den Bezug zum Ereignis nicht zu verlieren.

- Planen Sie für das Gespräch genügend Zeit ein. Zeitdruck schadet der Gesprächsatmosphäre und Sie werden in der Lösungs- bzw. Zielfindung gehindert. Denken Sie auch an einen zeitlichen Puffer zum Folgetermin, um das Gespräch zu resümieren und für sich selbst das weitere Vorgehen festzulegen.

- Wie soll der idealtypische Verlauf des Mitarbeitergesprächs aussehen? Welche Ziele verfolgen Sie und wie könnte sich der betreffende Mitarbeiter äußern? Gehen Sie das Gespräch vorab geistig kurz durch und legen Sie fest, welche Inhalte Sie vermitteln möchten. Bringen Sie diese in eine sinnvolle Reihenfolge, die Ihren Mitarbeiter nicht „erschlägt" und überlegen Sie sich im Vorfeld, wie Sie Dinge ansprechen möchten.

Was Sie während des Mitarbeitergesprächs beachten müssen:

Das Mitarbeitergespräch folgt einem idealtypischen Ablauf. Nach einem kurzen, informellen Gesprächseinstieg folgt die Analysephase, in welcher Sie Feedback geben, bevor die Zielfindung im Fokus der Planungsphase steht. Im Anschluss werden Perspektiven benannt, die die Weiterentwicklung des Mitarbeiters sicherstellen sollen und schlussendlich wird das Gespräch abgeschlossen.

a) Gesprächseinstieg:

Beginnen Sie das Mitarbeitergespräch mit einer freundlichen Begrüßung und einem kurzen Smalltalk. Ihr Mitarbeiter soll sich wohl und sicher fühlen. Hierzu gehört eine angenehme und ruhige Gesprächsatmosphäre. Gehen Sie offen und respektvoll auf Ihren Mitarbeiter zu, wird er sich willkommen fühlen und ebenso offen sein. Sie bilden damit die Grundlage für Vertrauen und Kritikfähigkeit.

b) Analysephase:

In der Analysephase steht die Retrospektive im Fokus. Sie sprechen über bisherige Erfolge, Aufgaben und was seit dem letzten Gespräch erreicht wurde. Dabei geben Sie ehrliches Feedback, loben gute Leistungen und kritisieren Mängel und Fehlverhalten konstruktiv. Achten Sie dabei auf einen Ausgleich von Lob und Kritik. Wird Ihr Mitarbeiter ausschließlich mit kritischen Äußerungen Ihrerseits konfrontiert, wird er selbst bei der gemeinsamen Formulierung von Zielen nur wenig motiviert an die Arbeit gehen. Die Fairness gebietet es, Positives ebenso hervorzuheben.

Schildern Sie Ihre Eindrücke und stellen Sie Transparenz her, indem Sie erklären, wie sich Ihre Wahrnehmung zusammensetzt. Scheuen Sie sich nicht davor, Probleme klar zu benennen. Dies ist sogar erforderlich, um auf lange Sicht die Produktivität zu erhöhen oder das Arbeitsklima zu heben. Hierbei kommt es jedoch ganz auf Ihre Intuition an, wie viel Kritik Sie an Ihrem Mitarbeiter äußern möchten.

Da es sich um ein Gespräch handelt, ist es erforderlich, dass beide Seiten zu Wort kommen und zwar in gleichem Maße. Halten Sie also keinen Monolog, sondern animieren Sie Ihr Gegenüber mit offenen Fragen zur Stellungnahme. Passen Sie dabei die Fragen individuell an Ihren Gesprächspartner an und vermeiden Sie Suggestivfragen, die keinerlei Zweck erfüllen. Schließlich möchten Sie etwas über Ihren Mitarbeiter herausfinden und auch von ihm Feedback zu Ihrer Arbeit als Führungskraft rückgemeldet bekommen. Bei der Anregung zur Rückmeldung seitens Ihres Mitarbeiters können Ihnen folgende Fragen helfen:

o Was beschäftigt Sie aktuell am meisten?

o Wofür wenden Sie derzeit besonders viel Zeit auf?

o Was haben Sie im abgelaufenen Jahr hinzugelernt?

o Welche Erwartungen haben Sie an Ihre Arbeitsstelle und an die Führungskraft?

o Wünschen Sie sich regelmäßigeres Feedback?

o Worin erkennen Sie aktuell Hindernisse für reibungslose Prozesse?

Achten Sie in der Analysephase insbesondere auf Ihre Körpersprache und Ihr eigenes Gesprächsverhalten. Lassen Sie Ihren Mitarbeiter ausreden und hören Sie aktiv zu. Bleiben Sie bei der Sache und suchen Sie immer wieder den Augenkontakt. Fragen Sie bei

Äußerungen des Mitarbeiters nach, um Hintergründe in Erfahrung zu bringen und Interesse zu zeigen.

c) Planungsphase:

Sie stellt die Hauptphase dar, in der sich der Blick weg von der Vergangenheit, hin zur Gegenwart und Zukunft richtet. Sie begeben sich – auf der Grundlage bisheriger Erfolge und Meilensteine – gemeinsam auf die Suche nach neuen Herausforderungen und Zielen. Dabei gilt es, die Stärken Ihres Mitarbeiters gezielt zu nutzen und Schwächen durch Nachqualifizierung auszugleichen. Achten Sie darauf, dass die Ziele SMART, also spezifisch, messbar, aktivierend, realistisch und terminiert sein müssen. Sie sollen den Mitarbeiter motivieren, weiterhin mit vollem Einsatz und bereitwillig seinen Beitrag zu leisten.

Lassen Sie hierzu Ihrem Mitarbeiter den Vortritt und erkundigen Sie sich nach seinen Vorstellungen für künftige Ziele. Leisten Sie Unterstützung bei der Formulierung der Ziele und treten Sie als Partner auf.

Einigen Sie sich – abgesehen von den Zielen – aber auch auf künftiges Verhalten, z. B. im Kollegenkreis, mit Kunden oder externen Stakeholdern. Diese Vereinbarungen sollten eine gewisse Verbindlichkeit aufweisen.

d) Perspektiven ausloten:

Im Anschluss an die Zielformulierung und die Aushandlung künftiger Verhaltensweisen steht die Ressourcenbereitstellung im Fokus, die es ermöglicht, die gesetzten Ziele zu erreichen. Hierfür bieten Sie Ihrem Mitarbeiter Weiterbildungen und Nachqualifizierungen an und loten langfristige berufliche

Perspektiven aus. Fragen Sie Ihren Mitarbeiter gezielt nach seinem Förderbedarf und regen Sie ihn zur Selbstreflexion über seine eigenen Kompetenzen, Stärken und Schwächen an.

In dieser Phase soll auch Raum für persönliche Wünsche des Mitarbeiters und Rückfragen geschaffen werden. Bevor Sie die letzte Phase des Gesprächs einleiten, stellen Sie ihm folgende Frage: „Möchten Sie noch etwas ergänzen, über das wir noch nicht gesprochen haben?" Damit geben Sie Ihrem Mitarbeiter noch einmal die Gelegenheit, einen Themenbereich anzuschneiden, der aus seiner Sicht von Belang ist.

e) Gesprächsabschluss

Abschließend bedanken Sie sich bei Ihrem Mitarbeiter für seine Offenheit und seine erbrachte Leistung. Schließen Sie das Gespräch ab, indem Sie ihm mitteilen, dass Sie sich auf die weitere Zusammenarbeit sehr freuen.

Was Sie nach dem Mitarbeitergespräch beachten müssen

In der Zeit nach dem Mitarbeitergespräch gilt es, die Vereinbarungen sowie die Zielfokussierung zu kontrollieren. Im Idealfall ist der Mitarbeiter nach dem Gespräch derart motiviert, dass er umgehend mit der Veränderung seines Handelns beginnt und sich strikt an den Zielen orientiert. Meist wird es jedoch eine Übergangsphase geben, in welcher neue Abläufe zunächst erprobt werden müssen. Sollten Sie nach einiger Beobachtung der Auffassung sein, dass den Vereinbarungen (noch) nicht in vollem Umfang entsprochen wird, so suchen Sie erneut das Gespräch. Erzeugen Sie dabei aber keinen Druck, sondern versuchen Sie, Ihren Mitarbeiter fortwährend für die gesteckten Ziele zu begeistern und Motivation für die Zielerreichung zu wecken.

Zielvereinbarungsgespräche – auf zu neuen Zielen!

Eine spezifische Variante des Mitarbeitergesprächs stellt das Zielvereinbarungsgespräch dar. Es setzt voraus, dass Sie generell mit Zielvereinbarungen arbeiten, also Ihre Mitarbeiter durch Ziele führen und ihr Verhalten konsequent auf die Zielerreichung auszurichten versuchen.

Im Grunde ergeben sich bezüglich des Ablaufs eines Zielvereinbarungsgesprächs keine Veränderungen zum allgemeinen Mitarbeitergespräch. Inhaltlich hingegen setzt das Zielvereinbarungsgespräch besondere Akzente. So liegt der Fokus in der Analysephase deutlich stärker auf der Selbstreflexion des Mitarbeiters. Anhand des Zielerreichungsgrades der Vorperiode gelangt der Mitarbeiter zu einer Selbsteinschätzung über eigene Stärken und Schwächen. Er versucht zu erklären, weshalb ihm die Zielerreichung gelungen ist oder seine Leistungen sogar weit über den Erwartungen lagen bzw. weshalb ihm dies eben nicht gelungen ist. Mitarbeiter und Führungskraft gehen gemeinsam auf Spurensuche, um mögliche Störfaktoren zu identifizieren und gezielt an diesen zu arbeiten.

Dabei unterstützt die Führungskraft die Introspektive des Mitarbeiters durch gezielte Fragen wie: „Welche Aufgaben erledigen Sie gern?", „Wo liegen Ihre fachlichen und sozialen Stärken?" oder „Worin sind Sie besser als die meisten anderen?".

Der besondere Schwerpunkt des Zielvereinbarungsgesprächs liegt eindeutig auf der Formulierung neuer Ziele im Rahmen der Planungsphase. Dabei werden die

Potenziale des Mitarbeiters und seine Stärken berücksichtigt. Auch die weitere berufliche Entwicklung spielt in dieser Phase bereits eine große Rolle. Zunächst werden die Ziele verschiedener Bereiche grob umrissen, bevor sie gemeinsam durch Mitarbeiter und Führungskraft mehr und mehr konkretisiert werden und sich schließlich SMARTe Ziele entwickeln, an denen sich der Mitarbeiter in der Zeit bis zum nächsten Zielvereinbarungsgespräch (in der Regel ein Jahr) orientiert. Um die Motivation in diesem Zeitraum durchgehend aufrecht zu erhalten, werden Meilensteine definiert, die auch als „Vorboten" zur Bestimmung des richtigen Kurses dienen.

Ziele und Meilensteine werden schließlich schriftlich fixiert, um die Verbindlichkeit abschließend herzustellen. Die darauffolgende Phase der Perspektiven besitzt im Rahmen des Zielvereinbarungsgesprächs nur noch untergeordnete Bedeutung, da die Entwicklungsaspekte bereits im Rahmen der Zieldefinition weitgehend bearbeitet wurden. Lediglich die langfristige Karriereplanung und die Aneignung der hierfür erforderlichen Kompetenzen über den Zeitraum bis zum nächsten Zielvereinbarungsgespräch hinaus werden dabei thematisiert.

Kritikgespräche – gestärkt aus der Krise

Besonders schwierig scheint es für Führungskräfte zu sein, ehrliche Kritik am Verhalten oder den Leistungen eines Mitarbeiters zu äußern. Schließlich möchte man sein Gegenüber nicht verletzen und sucht daher stets das harmonische Miteinander. Auf lange Sicht werden Sie mit dieser Einstellung aber nicht glücklich, denn letztlich werden Sie es sein, der für die Scheu vor Kritik früher oder später zahlen wird. Entweder bahnen sich zwischenmenschliche Konflikte an, die über lange Zeit hinweg schwelen und schließlich eskalieren, oder aber Sie büßen an Effizienz und damit an Produktivität ein, wenn Leistungen nicht erwartungsgemäß erbracht werden.

Wird eine vollkommen offene Kommunikationskultur gepflegt, sind die Bedenken haltlos und unbegründet, denn Ihre Mitarbeiter sind ehrliches Feedback von Ihnen gewohnt, wie auch Sie auf Offenheit und kritische Rückmeldungen von Ihren Mitarbeitern zählen können. Trauen Sie sich daher, konstruktive Kritik zu üben, welche die Basis für ein gelungenes Miteinander und gegenseitigen Respekt bildet sowie die Produktivität Ihres Teams langfristig steigert und den Perspektivwechsel fördert. Suchen Sie hierzu gezielt das Mitarbeitergespräch unter vier Augen.

Auch das Kritikgespräch besitzt gegenüber dem allgemeinen Mitarbeitergespräch einige Eigenheiten, die es zu beachten gilt, um nachhaltige und nachvollziehbare Veränderungen zu erreichen. Das Kritikgespräch ist kein Spaziergang und Sie sollten sich gut darauf vorbereiten. Möglicherweise werden Sie auf Unverständnis und emotionale Reaktionen stoßen, müssen sich selbst jedoch beherrschen und sachlich bleiben. Dies fällt vielen Führungskräften schwer.

Die nachfolgenden Tipps helfen Ihnen dabei, erfolgreiche Kritikgespräche zu führen und Ihre Intention richtig und wirksam zu vermitteln. Die Regeln des allgemeinen Mitarbeitergesprächs werden dabei selbstverständlich vorausgesetzt bzw. entsprechend abgewandelt.

Was Sie vor dem Kritikgespräch beachten müssen:

- Identifizieren Sie für sich das Ziel des Konfliktgesprächs und machen Sie sich selbst klar, was Sie erreichen wollen. Stecken Sie sich hierfür ein Optimalziel sowie für den Fall, dass Sie während des Gesprächs bemerken, dass sich dieses nicht durchsetzen lässt, ein Minimalziel, welches Sie dann bei Verhandlungen nicht unterschreiten dürfen. Vergegenwärtigen Sie sich diese Ziele im Gesprächsverlauf, geben Ihnen diese Orientierung.

- Besonders wichtig sind bei einem Kritikgespräch die äußeren Einflüsse sowie die Gesprächsatmosphäre. Führen Sie es an einem neutralen, ruhigen Ort, um sich nicht zu sehr auf Ihre übergeordnete Position zu beziehen, sondern Ihrem Mitarbeiter auf Augenhöhe zu begegnen. Achten Sie auch darauf, dass Sie Ihrem Gesprächspartner nicht genau gegenüber sitzen, sondern setzen Sie sich, wenn möglich, übers Eck, um Konfrontation zu mindern.

- Auch beim Kritikgespräch gilt: Es kommt auf den richtigen Zeitpunkt an. Lassen Sie nicht zu viel Zeit zwischen dem zu kritisierenden Ereignis und dem Gespräch verstreichen und sammeln Sie schon gar nicht mehrere Punkte zusammen, um diese geballt loszuwerden. Auch sollten Sie die erste Erregung verdaut haben, bevor Sie Ihren Mitarbeiter zum Gespräch bitten. Dieses setzen Sie idealerweise am frühen Nachmittag an, nicht jedoch am Morgen, damit sich der Mitarbeiter nicht den gesamten restlichen Tag geknickt fühlt und auch nicht kurz vor Feierabend, damit Sie ihn nicht zu Hause mit Gedanken über das Gespräch belasten. In der Tagesmitte hat er genügend Zeit, die Kritik sacken zu lassen und erste Selbstbeobachtungen anzustellen.

Was Sie während des Kritikgesprächs beachten müssen

Das idealtypische Kritikgespräch folgt einem ganz eigenen Ablauf, der jedoch die Grundsystematik des allgemeinen Mitarbeitergesprächs aus Feedback, Stellungnahme und Zielvereinbarung aufgreift. Dabei sind fünf Phasen zu unterscheiden: Gesprächseinstieg, Kritikäußerung, Austausch über Kritik, Ziel- oder Veränderungsvereinbarung sowie Gesprächsabschluss.

a) Gesprächseinstieg:

Schaffen Sie zunächst ein angenehmes Klima und empfangen Sie Ihren Mitarbeiter höflich. Fragen Sie ihn, ob es für ihn in Ordnung ist, dass Sie ihm zu seinem Verhalten oder seinen Leistungen Feedback geben. Beginnen Sie zunächst mit einem positiven Aspekt, etwa was sich seit dem letzten Mitarbeitergespräch zum Besseren gewandelt hat.

b) Kritikäußerung:

Reden Sie nicht lange um den heißen Brei, sondern kommen Sie direkt zur Sache und formulieren Sie den wesentlichen Kritikpunkt. Beschreiben Sie Ihre Eindrücke und belegen Sie diese neutral mit Beispielen. Teilen Sie Ihrem Gegenüber mit, wozu das Verhalten führt, und erklären Sie die Wirkung nachvollziehbar.

Gehen Sie dabei nicht auf die Suche nach einem Schuldigen, sondern finden Sie die Ursachen für das Fehlverhalten. Versuchen Sie, dieses in neutrale Worte zu fassen, ohne es zu werten. Schildern Sie dabei nur eigene Erfahrungen und Beobachtungen und lassen Sie Meldungen, die Sie über Dritte erreicht haben, außen vor. Vermeiden Sie Verallgemeinerungen und verzichten Sie auf Ironie und Spott, die Ihr Gegenüber nur verunsichern. Wichtig ist, dass Ihr Mitarbeiter erhobenen Hauptes aus dem Gespräch hervortritt, ohne sein Gesicht vor Ihnen verloren zu haben. Von großer Bedeutung ist daher, dass sein Selbstwertgefühl erhalten bleibt.

Sowohl hinsichtlich der verbalen als auch der nonverbalen Kommunikation und Interaktion müssen Sie Fokus und Konzentration auf das Gespräch ausstrahlen. Während Sie bei Ihrer Wortwahl auf positive, motivierende und aufbauende Formulierungen achten sollten (z. B.: „Zum Glück ist der Fehler bereits in diesem Stadium aufgetreten. Über seine Folgen bin ich zugegebenermaßen nicht erfreut, doch nun lassen Sie uns miteinander an einem Strang ziehen, das Problem beseitigen und sehen, welche Erfahrungen wir daraus für die Zukunft ziehen können." Mehr Tipps zu Formulierungen finden Sie im nachfolgenden Kommunikationstrainings-Block). Sprechen Sie ruhig und senken Sie Ihre Stimme ab. Sie werden sehen, wie sie sich von selbst verlangsamt, damit Ihr Mitarbeiter Ihren Ausführungen gut folgen kann. Mindestens ebenso bedeutsam gestaltet sich Ihre Körpersprache. Halten Sie den Blickkontakt und legen Sie Ihre Hände ruhig auf dem Tisch ab.

c) Austausch über Kritik

Nachdem Sie Ihrem Mitarbeiter Feedback gegeben haben, fordern Sie Ihn zur Darlegung der Angelegenheit aus seiner Sicht auf. Dabei soll er keine Ausreden finden oder anderen die Schuld geben, sondern vielmehr Hintergründe erläutern. Animieren Sie Ihn aktiv hierzu, indem Sie ihn gezielt befragen („Schildern Sie bitte Ihre Perspektive!", „Wie kam es dazu?",

„Was hat Sie dazu veranlasst so und nicht anders zu handeln?"). Zeigen Sie dabei immer Verständnis, auch wenn Sie nicht mit den Aussagen konformgehen. Lassen Sie Ihren Mitarbeiter aussprechen und reagieren Sie dann entsprechend. Stellen Sie unterschiedliche Auffassungen fest, bearbeiten Sie diese eingehend und finden Sie die Gründe für die abweichenden Sichtweisen, betonen Sie aber auch Übereinstimmungen klar und deutlich.

Schildern Sie im Anschluss an die Diskussion Ihre Erwartungen noch einmal exakt und unmissverständlich und fordern Sie Ihren Mitarbeiter dann auf, eine Lösung für das Problem zu finden. Dabei bieten Sie ihm Ihre Unterstützung an und geben Anregungen.

d) Ziel- oder Veränderungsvereinbarung

Aus der gefundenen Lösung bzw. dem Kompromiss sollen schließlich Ziele entwickelt werden, an die sich Ihr Mitarbeiter bindet. Zeigen Sie eigene Ziele auf und arbeiten Sie gemeinsam mit ihm an Veränderungsoptionen. Selbstverständlich sollten auch diese Ziele SMART formuliert sein. Äußern Sie dabei deutlich, dass Sie die Einhaltung der vereinbarten Veränderungen erwarten und Verstöße nicht dulden werden.

Lassen Sie Ihren Mitarbeiter auch wissen, dass Absicht, Nachlässigkeit oder Schlamperei nicht akzeptiert werden. Darüber hinaus ist ein Fehler erst als solcher zu werten, wenn er zumindest ein zweites Mal auftritt. Sie fordern den Lerneffekt des Kritikgesprächs für sich ein und sollten dies auch klar kommunizieren.

e) Gesprächsabschluss

Zum Ende des Kritikgesprächs sollten Sie noch einmal alle Vereinbarungen zusammenfassen und den Mitarbeiter um Bestätigung bitten. Danken Sie ihm für die Offenheit und für das geduldige Zuhören, aber vermeiden Sie es dringend, sich zu entschuldigen. Hierfür gibt es keinerlei Grund.

Was Sie nach dem Kritikgespräch beachten müssen

Beobachten Sie Ihren Mitarbeiter bei der Umsetzung der vereinbarten Veränderungen und lassen Sie ihn dies auch wissen. Verhält sich dieser erwartungsgemäß, loben Sie ihn umgehend hierfür. Schleichen sich alte Gewohnheiten wieder ein oder bemüht sich der bereits kritisierte Mitarbeiter erst gar nicht darum, die Vereinbarungen umzusetzen, bitten Sie ihn um ein erneutes Gespräch.

Kommunikationstraining: Angriffsfrei formulieren

Bei Kritik ist es wichtig, wie Sie ihre Worte wählen, damit sich Ihr Mitarbeiter nicht vor den Kopf gestoßen fühlt. Es geht darum, die Beobachtungen ohne Wertung zu schildern, sein Gefühl auszudrücken, das eigene Bedürfnis mitzuteilen und eine Bitte zu formulieren. Dabei helfen Ihnen die Ich-Botschaften. Sie fördern das Äußern von Kritik vom eigenen emotionalen Standpunkt aus, ohne den anderen zu verletzen. Hier einige Beispiele:

Anstatt: „Sie sind unzuverlässig."
Besser: „Ich habe erneut festgestellt, dass Sie nicht immer pünktlich erscheinen. Das ärgert mich etwas. Bitte versuchen Sie, in Zukunft etwas früher zu erscheinen."

Anstatt: „Ihr Einwand zeigt, dass Sie es immer noch nicht gerafft haben."

Besser: „Ich habe mit Ihrer Aussage festgestellt, dass Sie immer noch ein Problem haben, den Sachverstand nachzuvollziehen. Fragen Sie mich doch bitte einfach in Zukunft, wenn Sie sich nicht ganz sicher sind, dann werde ich Ihnen gerne helfen."

Anstatt: „Sie reden vollkommenen Unsinn."
Besser: „Ich bin von Ihrer Auffassung nicht ganz über-zeugt. Bitte versuchen Sie, mir das noch einmal ganz genau zu erklären."

Konflikte richtig managen

Auch sie gehören zum Arbeitsalltag und zum täglich Brot einer Führungskraft: Konflikte. In Teams mit offener Kommunikationskultur können sie die sachliche Dis-kussion beflügeln und zu neuen Ideen und Innovationen führen. Dies funktioniert aber nur mit einer regulierten Streitkultur. Verlagern sie sich jedoch auf die Bezie-hungsebene, schaden Sie dem Team als Ganzes. Dann stören Sie das Betriebsklima empfindlich und belasten die Betroffenen. Dies zieht einige negative Konsequen-zen nach sich: Zunächst sinkt die Arbeitszufriedenheit, insbesondere da die sozialen Bedürfnisse leiden und damit ein wesentlicher Hygienefaktor fehlt. Es kommt zu vermehrten Fehlzeiten, die Fehlerquote erhöht sich, die Motivation sinkt und auch die Leistungsfähigkeit nimmt dauerhaft ab. Dadurch verringert sich die Produktivität Ihrer Organisationseinheit und Sie entfernen sich von der Zielerreichung ein ganzes Stück.

Wichtig ist für eine Führungskraft, Konflikte frühzeitig zu erkennen. Bereits an diesem Punkt haben Sie es schwer, denn häufig bleiben sie unausgesprochen und schwe-len unter der Oberfläche, ohne dass Sie es bemerken. Hinzu kommt der Umstand, dass Mitarbeiter ihrem Ärger

oft keine Luft verschaffen und Probleme sogar abstrei-
ten, obwohl sie vielleicht schon seit Langem bestehen.
Eskaliert der Konflikt, ist es meist zu spät. Je früher Sie
Unstimmigkeiten erkennen, desto einfacher lässt sich
eine Lösung finden. Häufig handelt es sich „nur" um
Missverständnisse oder um unterschiedliche Wahrnehmungen im Verhalten als um tatsächliche Antipathien.

Doch wie erkennen Sie einen Konflikt in seinem frühen
Stadium, in welchem sich ein Kompromiss noch vergleichsweise einfach erzielen ließe? Hier müssen Sie auf
die äußeren Anzeichen im Verhalten einzelner Mitarbeiter
oder der Gruppe als Ganzes achten. Hinter kleinen Veränderungen können sich oft bereits verhärtete Fronten
verbergen. Wichtig ist hierfür, dass Sie Ihre Mitarbeiter
und ihre Gewohnheiten kennen. Wie gehen sie miteinander um? Wie ist die Kommunikationskultur geprägt?
Wer pflegt mit wem welchen Umgang? Das komplexe
Netz aus zwischenmenschlichen Beziehungen gilt es zu
durchschauen, bevor Veränderungen Sie in Alarmbereit-
schaft versetzen können. Beispiele hierfür sind etwa:

- Wenn ein oder mehrere Mitarbeiter verändertes Sozi-
alverhalten an den Tag legen, also nicht mehr auf
ein kurzes, informelles Gespräch im Nachbarbüro
vorbeischauen, oder sich gänzlich abriegeln und auf
Distanz gehen.

- Wenn Sie Unterschiede in der Zusammenarbeit erkennen, etwa wenn sich Kollegen nicht mehr gegenseitig
bei Problemen helfen.

- Wenn Leistungen Einzelner auffällig nachlassen.

- Wenn bei Teambesprechungen Augen gerollt werden,
oder kleine Sticheleien und Überlegenheitsdemonst-
rationen vor allen gezeigt werden.

- Wenn sich Gruppen bilden und Informationen nicht mehr zuverlässig weitergegeben werden.

- Wenn sich generell die Arbeitsatmosphäre spürbar verändert.

Nicht immer müssen Sie dann gleich in den Konflikt eingreifen. Gerade kleinere Sachkonflikte regeln sich gerne wie von selbst. Dies bedeutet aber nicht, dass Sie vermitteln sollten, Konflikte vermeiden zu wollen. Das Gegenteil ist der Fall: Konflikte müssen offen angesprochen werden, um sie gezielt bearbeiten zu können. Lassen Sie sie also ruhigen Gewissens zu. Sie existieren ohnehin, ob Sie wollen oder nicht. Es geht also nicht um die Konfliktvermeidung, sondern vielmehr darum, wie sie ablaufen.

Versuchen Sie hierzu zu aller erst bei einem Konfliktverdacht, Belege hierfür zu sammeln und Ihrem Empfinden auf den Grund zu gehen. Finden Sie heraus, wer die Hauptbeteiligten sind, und suchen Sie nach dem Kern des Streits. Hierzu macht es Sinn, das Gespräch mit einem neutralen, oder nur am Rande beteiligten Mitarbeiter zu suchen und ihn nach der Thematik und den Konfliktparteien zu befragen, jedoch nicht mehr, um ihm nicht die Rolle des „Verpetzers" aufzuzwängen.

Im nächsten Schritt gilt es, nach Sammlung genügender Informationen, die Hauptbeteiligten zu einer gemeinsamen Besprechung zu bitten. Ziel des Gesprächs ist es, den Konflikt beizulegen, indem eine für alle Seiten tragbare Lösung gefunden wird. Notfalls müssen Sie zu personellen oder organisatorischen Maßnahmen greifen. Zunächst gilt es jedoch, den wahren Kern der Auseinandersetzung zu finden und Hintergründe zu offenbaren. Hierzu folgen Sie in der gemeinsamen Konfliktbesprechung einer einfachen, aber sehr wirkungsvollen Systematik:

Beginn des Gesprächs

Sprechen Sie gleich zu Anfang an, weshalb Sie zu dieser Besprechung geladen haben, und vermitteln Sie Ihren Eindruck wertneutral. Erklären Sie, dass es Ihre Aufgabe als Führungskraft ist, für ein angenehmes Arbeitsklima zu sorgen, in welchem sich effektiv Hand in Hand zusammenarbeiten lässt. Formulieren Sie zusätzlich die Erwartung, dass jeder der Beteiligten seinen Beitrag zur Klärung des Konflikts leistet und an der Lösungsfindung aktiv mitgewirkt wird.

Erklären Sie den Konfliktparteien auch, dass es Ihnen wichtig ist, jede Sichtweise getrennt voneinander zu hören, daraufhin die Ursachen zu ergründen und gemeinsam nach Lösungswegen zu suchen, um die zukünftige Arbeit reibungslos zu gestalten.

Gesprächsregeln aufstellen

Bevor einer Partei das Wort erteilt wird, ist es wichtig, dass Sie sich gemeinsam auf die von Ihnen aufgestellten Gesprächsregeln einigen. Anschuldigungen und Beleidigungen sind zu unterlassen. Stattdessen soll allein aus der Perspektive der Eigenwahrnehmung heraus argumentiert werden. Alle am Gespräch Beteiligten lassen einander ausreden. Machen Sie klar, dass Sie Verstöße nicht dulden und umgehend unterbinden, wenn nötig auch sanktionieren. An dieser Stelle ist es wichtig, dass Sie sich auf Ihre Machtstellung als Vorgesetzter beziehen und Konsequenz walten lassen.

Darstellung der Sichtweisen

Sodann erläutern die Streitparteien ihre Eindrücke einzeln und nacheinander. Greifen Sie maßregelnd ein, wenn eine der beteiligten Personen gegen die vorab vereinbarten Regeln verstoßen sollte. Hören Sie aktiv zu. Wenn eine Konfliktpartei endet, fassen Sie die Sichtweise noch einmal kurz zusammen, um sicherzustellen, dass Sie alles richtig verstanden haben.

Moderierter Dialog

Anschließend begeben Sie sich auf die Suche nach den Ursprüngen des Konflikts. Geben Sie dabei bei Äußerungen der einen Partei stets der anderen Partei Gelegenheit zur konstruktiven Stellungnahme. Stellen Sie unterschiedliche Auffassungen und Gemeinsamkeiten fest und gehen Sie besonders abweichenden Wahrnehmungen auf den Grund. Wie kommen diese zustande? Was ist wirklich passiert und wie waren Worte und Taten vielleicht anders gemeint? Es mag mühselig sein, doch in kleinen Schritten tasten Sie sich auf diese Weise durch gezielte Nachfragen vor, bis Sie die Hintergründe ermittelt haben. Wichtig, aber nicht immer leicht, ist es dabei, sich vollkommen neutral zu verhalten und die Dinge objektiv zu betrachten.

Suche nach der Lösung

Liegen die vielleicht zuvor unausgesprochenen Wahrnehmungen und Interpretationen auf dem Tisch, gilt es, gemeinsam Lösungsoptionen zu erarbeiten und sich auf eine Strategie zu einigen. Beginnen Sie damit, dass Sie sich auf die Ziele der Organisationseinheit beziehen, und legen Sie nachvollziehbar dar, wie der Konflikt der Zielerreichung schadet. Machen Sie den höheren Sinn Ihres gemeinsamen Handelns klar und erläutern Sie, dass dies nur möglich sein wird, wenn alle am selben Strang ziehen.

Lassen Sie dann den Konfliktparteien den Vortritt und nehmen Sie sich zurück. Im Rahmen eines Brainstormings sollen sie Möglichkeiten für die Lösung aufzeigen und diese auch verhandeln. Am Ende ist es wichtig, dass ein Kompromiss gefunden wird, der für alle Beteiligten hinnehmbar ist. So können etwa neue Regeln für die Alltagskommunikation entwickelt und Prozesse neu definiert werden. Egal, worauf sich die Konfliktparteien letztlich einigen: Letztendlich entscheiden Sie, wie es weitergeht.

Abschluss des Gesprächs

Aus diesem Grund ist es auch wichtig, dass Sie abschließend festlegen, wie weiter vorgegangen wird. Halten Sie unbedingt die Verbindlichkeit der Abmachungen fest und regeln Sie, welche Konsequenzen im Falle eines Verstoßes drohen.

Im Nachgang zum Konfliktgespräch ist es wichtig, dass Sie die besprochenen Veränderungen laufend überprüfen. Laden Sie die Konfliktparteien nach einiger Zeit erneut zum Gespräch, um abzustimmen, ob die neuen Regeln zielführend gewählt wurden oder ob weiterer Optimierungsbedarf besteht.

Konflikte bergen ein großes Schadenspotenzial. Darum ist es wichtig, dass Sie als Führungskraft Anzeichen ernst nehmen, Ihrer Intuition folgen und spürbaren Veränderungen nachgehen. Ignorieren Sie Konflikte innerhalb Ihres Teams, werden Sie ab einer gewissen Stufe der Eskalation nicht mehr im Stande sein, einen Kompromiss herbeizuführen. Dann gilt es, Externe hinzuzuziehen, die als Mediatoren geübt sind. Reicht auch das nicht mehr, bleibt Ihnen lediglich das Mittel des Machteingriffs, um die streitenden Parteien strikt voneinander zu trennen.

Homeoffice: Führung aus der Ferne

Die Digitalisierung hält mehr und mehr Einzug in die Arbeitswelt und zugleich wird der Ruf der Beschäftigten nach Flexibilisierung ihres Arbeitsumfeldes immer lauter. Neue Technologien und Formen der Kommunikation erlauben es heute, genau diese Bedürfnisse zu befriedigen. In der Bundesrepublik zierten sich Unternehmen jedoch, die klassische Art des Arbeitens in Präsenz zu verlassen – aus einem Mangel an Vertrauen in den Mitarbeiter sowie der generell konservativen Einstellung zur Art und Weise der betrieblichen Abläufe und der Arbeitsweise. Eine unfassbare Dynamik, die den plötzlichen, zwangsweisen Wandel einleitete, verschaffte die Corona-Pandemie. Wie aus dem Nichts mussten digitale Infrastrukturen zur Ermöglichung von Homeoffice aus dem Boden gestampft werden, um das Risiko einer Infektion am Arbeitsplatz zu minimieren und den Betrieb damit nicht vollständig zum Erliegen kommen zu lassen. Unternehmen und insbesondere Führungskräfte stellte dies vor unfassbare Herausforderungen. Rasch mussten neue Wege der Kommunikation gefunden und die technische Ausstattung bereitgestellt werden. Parallel mussten die rechtlichen Rahmenbedingungen geschaffen und innerbetriebliche Verantwortungen neu definiert werden. Ohne großen Vorlauf wurden Mitarbeiter wie Vorgesetzte sprichwörtlich ins kalte Wasser geworfen – nicht immer ohne negative Folgen für die Produktivität des Teams.

Das Führen aus der Ferne bringt für Leader gänzlich neue Herausforderungen mit, die es zu meistern gilt. Die Führungsarbeit muss grundlegend neu ausgerichtet und an die Situation angepasst werden, um am Ende nicht an Effizienz einzubüßen. Hierzu bedarf es eines gänzlich neuen Verständnisses des Führungsaufgabe, das losgelöst von veralteten Organisationsstrukturen und traditionellen Prozessen den Weg für den unkomplizierten Austausch bereitet. Die Führungskompetenz wird um eine digitale Komponente erweitert, die ihren Schwerpunkt auf den gelungenen Dialog trotz räumlicher Hürden setzt.

Wie verändert sich Führungsarbeit aus dem Homeoffice also konkret? Auslöser für den Wandel bildet der vollständige Umbruch der gewohnten Kommunikationsstrukturen. Der direkte Kontakt in Präsenz bricht ab und spontane, auch informelle Gespräche zwischendurch entfallen gänzlich. Dadurch wird dem Leader auch die Chance genommen, spontanes Feedback zu äußern und den Mitarbeiter wertzuschätzen. Durch die verbleibenden Kommunikationskanäle E-Mail, Telefon oder Videokonferenz werden Gespräche stark formalisiert. Für die Führungskraft wird es somit schwer, einzuschätzen, inwieweit ihre Mitarbeiter ihrer Unterstützung bedürfen. Besonders auf der Beziehungsebene kann nur noch eingeschränkt kommuniziert und interagiert werden, was die Aufrechterhaltung eines Betriebsklimas schier unmöglich macht. Auch Ihre Mitarbeiter kontaktieren sich untereinander nur noch zu fachlichen Zwecken und möglicherweise auch überwiegend per E-Mail, in welcher nahezu ausschließlich Sachinformationen übermittelt werden.

Für den Leader bedeutet das, sich anzupassen, um die Mitarbeiter nicht zu „verlieren", sondern die Gruppe als solche zusammenzuhalten. Seine Rolle ist dabei eine kooperierende und koordinierende. Führungskräfte blicken der körperlichen Abwesenheit ihrer Mitarbeiter mit Sorge entgegen, fühlen sie doch in gewisser Weise einen Machtverlust durch die fehlende Möglichkeit,

Prozesse zu kontrollieren. Ihnen bleibt nichts anderes übrig, als in die Disziplin der Mitarbeiter zu vertrauen und auf Effizienz zu hoffen. Vertrauen ist wichtig und spielt bei Homeoffice eine noch größere Rolle, als dies ohnehin der Fall ist. Dennoch müssen Sie Ihre Kontrollaufgabe nicht gänzlich aufgeben. Der Schlüssel zu erfolgreichem Leistungsabgleich liegt in der Veränderung der Kontrollperspektive. Ziele rücken in den Fokus der Betrachtungen. Geben Sie Ihren Mitarbeitern die notwendigen Handlungsspielräume, um alte Abläufe von zu Hause aus neu zu definieren und auszugestalten. Vereinbaren Sie aber gemeinsam SMARTe Ziele, deren Erreichung Sie konsequent prüfen. Verändern Sie den Blick von der Prozessebene auf die Ergebnisseite.

Die neu gewonnene Autonomie kann Ihre Mitarbeiter zu Höchstleistungen motivieren und sie anspornen, mehr Leistung zu bringen als gewöhnlich, da sie sich mit dem selbst aufgebauten Prozess und den mitausgewählten Zielen stark identifizieren. Dies birgt jedoch auch Risiken, wie etwa die Entwicklung einer ungesunden Leistungskultur. Denn im Homeoffice verschwimmen die Grenzen zwischen beruflichem und privatem Bereich. Sie haben rund um die Uhr die Möglichkeit zu arbeiten und sind gerade, wenn sie motiviert sind, eher dazu bereit, sich Spätabends oder am Wochenende – in den gewohnten Ruhephasen – an die Arbeit zu machen, um die Ziele bestmöglich zu erfüllen. Hier sind Sie als Führungskraft gefragt, vorab Regeln für das Arbeiten im Homeoffice zu finden, denn so positiv die freiwillige Mehrarbeit in den Ohren eines Leaders auch klingen mag, letztlich erhöht sich damit der Stresslevel und ihre Mitarbeiter kommen überhaupt nicht mehr zur Ruhe. Der positive Effekt auf die Work-Life-Balance verkehrt sich praktisch ins Gegenteil. Als Vorgesetzter haben Sie auch eine Fürsorgepflicht zu erfüllen, die trotz oder gerade aufgrund der Distanz weiter gilt.

Um die potenziell eintretenden negativen Auswirkungen der Führung aus der Distanz zu verhindern und die Vorzüge voll auszuschöpfen, können Sie einige Methoden anwenden, die Ihnen dabei helfen, Kontinuität und Stabilität zu vermitteln. Gerade in Zeiten zunehmender Veränderungen kommt es darauf an, Ihren Mitarbeitern Orientierung zu bieten und einen festen Fahrplan an die Hand zu geben. Mit ihnen werden Sie auch auf die künftige Entwicklung gut vorbereitet sein. Die Fähigkeiten, die Sie sich dabei aneignen, werden schon bald Erfolgskriterium im Wettbewerb um die besten Arbeitskräfte darstellen. Denn nur, wenn Sie als Arbeitgeber hervorragende Arbeitsbedingungen bieten, die maximale Flexibilität und die ideale Vereinbarkeit von Beruf und Familie erlauben, werden Sie Mitarbeiter gewinnen und langfristig an Ihr Unternehmen binden können.

Praxistipp: Methoden und Maßnahmen für die Führung aus der Ferne

Nicht immer ist es leicht für Sie als Führungskraft, im Homeoffice über alle Vorgänge, Probleme und Veränderungen Bescheid zu wissen. Wichtig ist vor allem, dass Sie mit Ihren Mitarbeitern in Kontakt bleiben und zwar mit allen. Behalten Sie es sich selbst vor, entscheidungsrelevante Informationen weiterzugeben. So gelingt Ihnen die Führung aus der Ferne optimal:

- *Verhalten Sie sich Ihren Mitarbeitern gegenüber stets offen und ehrlich und thematisieren Sie die herausfordernde Situation. Kommunizieren Sie Ihre Erwartungen an Ihre Mitarbeiter klar und wiederholt und fordern Sie diese ebenfalls dazu auf, ihre eigenen Erwartungen zu schildern.*

- *Halten Sie an alten Gesprächsritualen weitestgehend fest. Sie sind es gewohnt, sich einmal pro Tag mit dem gesamten Team zu einer gemeinsamen Besprechung zu treffen? Sie haben wöchentliche/monatliche Jour-Fixe mit einzelnen Mitarbeitern? Führen Sie diese in Form von Telefon- oder besser Videokonferenzen durch. Gerade durch die Distanz kommt es auf den regen Informationsaustausch an, um die Aufgaben aller in die richtige Richtung zu lenken. Besprechen Sie dabei Zwischenergebnisse und das anstehende Tagesgeschäft. So bleiben alle auf demselben Wissensstand und gehen von denselben Voraussetzungen aus. Konferenzen dieser Art sind darüber hinaus wichtig, um das Gemeinschaftsgefühl aufrecht zu erhalten. Jeder im Team sollte mit jedem anderen Mitglied die Gelegenheit erhalten, in Kontakt zu treten.*

- *Manche Mitarbeiter sind auf Anweisungen Ihrerseits angewiesen und fordern Ihr Feedback ein. Führen Sie diese auch von zu Hause aus so eng wie gewohnt. Die notwendigen Mittel stehen Ihnen zur Verfügung.*

- *Kontaktieren Sie Ihre Mitarbeiter nicht täglich und womöglich auch noch mehrfach, um ihre Leistungen zu besprechen. Zwar ist die Ansprache Ihrerseits durchaus gut gemeint. Sie werden sich allerdings rasch kontrolliert vorkommen und das Misstrauen wächst.*

- *Nutzen Sie die vielfältigen Kommunikationsplattformen, über welche sich Ihre Arbeitsvorgänge online organisieren lassen. Schaffen Sie so die Basis für effizientes Arbeiten, indem Sie Berechtigungen für Zugriffe auf Dokumente regeln, damit ein reibungsloser, medienbruchfreier Ablauf gewährleistet werden kann. Darüber hinaus existieren Tools, über die sich der Anwesenheitsstatus der Mitarbeiter ablesen lassen kann. So wissen Sie nicht nur, ob Ihr Mitarbeiter gerade erreichbar ist, sondern behalten auch den Überblick über seine Tätigkeit und Arbeitszeiten.*

- *Achten Sie trotz möglicher Regelungen für die Homeoffice-Zeiten darauf, dass Ihre Mitarbeiter regelmäßig Pausen einhalten und ihre Erholungszeiten voll nutzen. Sprechen Sie Ihren Mitarbeiter darauf an, falls Sie den Eindruck haben, dass er sich zu viel aufbürdet.*

- *Vermitteln Sie stets, dass Sie trotz körperlicher Distanz immer für jedes Teammitglied über die verschiedenen Kanäle ansprechbar sind.*

Nachwort

Führungskraft zu sein bedeutet, die Fähigkeit zu besitzen, Mitarbeiter für die gemeinsame Sache zu begeistern und sie in das Geschehen eng einzubinden. Sie sind mehr als nur das Mittel zum Zweck und als Leader ist Ihnen das auch bewusst. Sie kennen die Konzepte und Methoden, auf die es ankommt, um ein erfolgreiches Miteinander zu pflegen und zugleich die Produktivität Ihrer Organisationseinheit zu maximieren. Sie wissen um die Bedeutung der Partizipation und des Führens mit Zielen und kennen auch Mittel und Wege, um bei Komplikationen gewappnet zu sein und richtig zu reagieren, um schon bald wieder das gesamte Team auf die Zielerreichung zu fokussieren. Bei aller Führungskompetenz kommt es jedoch ganz besonders darauf an, dass Sie nicht vergessen, Mensch zu bleiben. Auch Sie werden trotz aller Kompetenz nicht frei von Fehlern bleiben und mit Konflikten konfrontiert sein. Gestehen Sie sich das auch selbst ein und stellen Sie nicht gleich Ihr gesamtes Führungskonzept infrage, sondern zeigen Sie Konsequenz, auch wenn es Ihnen manchmal schwer fallen mag. Letztlich ist es Ihre Aufgabe, mit Menschen zu arbeiten, mit verschiedenen Persönlichkeiten und Wertesystemen. Es ist somit vollkommen normal, dass es auch in Ihrem Team „menschelt". Bleiben Sie sich selbst auch in schwierigen Zeiten treu. Sie wissen, dass Ihre Mitarbeiter Sie als bedürfnisorientierte Führungskraft schätzen. Auch wenn es kleinere Verwerfungen geben mag, die die Beziehung kurzzeitig belasten mögen, können Sie sich der Loyalität Ihrer Mitarbeiter eines gesunden Teams sicher sein.

Die zahlreichen Hinweise und Ratschläge dieses Buches helfen Ihnen dabei, sich in der komplexen Welt einer Führungskraft zurechtzufinden. Nutzen Sie es auch als hilfreiches Nachschlagewerk, wenn Sie in speziellen Situationen Unterstützung benötigen.

Nun gilt es für Sie, als Führungskraft weiter Erfahrung zu sammeln und gezielt Neues zu versuchen. Beobachten Sie das Verhalten Ihres Teams aufmerksam und reflektieren Sie die ergriffenen Maßnahmen sorgfältig. Von Bedeutung ist in diesem Zusammenhang auch, dass Sie sich mit anderen Führungskräften austauschen, sie um ihre Erfahrungswerte bitten und ihre bewährten Methoden erfragen. Sie müssen das Rad nicht neu erfinden. Auch erfahrene Führungskräfte haben einmal begonnen und mussten dabei häufig selbst Rückschläge erleiden, ehe sie daraus lernen konnten und sie nun zu ihren Erfahrungen zählen. Ohnehin handelt es sich bei der Führungsarbeit um einen lebenslangen, nie enden wollenden Lernprozess. Die Vernetzung mit anderen Leadern unterstützt Sie dabei in Ihrer persönlichen Weiterentwicklung.

Zuletzt lautet mein Ratschlag: Bleiben Sie offen und aufmerksam, um sich auf Neues einzulassen und den Blick für das Wesentliche – die Bedürfnisse Ihrer Mitarbeiter sowie Ihre Ziele – zu wahren. Vor allem aber bleiben Sie interessiert und lernwillig, denn dann wird es Ihnen leicht fallen, flexibel zu denken und Veränderungsbereitschaft zu leben.

Viel Erfolg bei Ihrem persönlichen Weg als Führungskraft wünscht Ihnen

Sandro Sebastian Pfeiffer